香说炉石十六品

雲出岫

张博建 著

长江出版传媒 | 湖北美术出版社

图书在版编目（CIP）数据

青云出岫: 香说炉石十六品 / 张博建著. -- 武汉: 湖北美术出版社, 2025.1. -- ISBN 978-7-5712-2452 -3

Ⅰ. TS933.21

中国国家版本馆CIP数据核字第2024WB1965号

艺术总监：胡　翊
美术设计：郭　军
摄　　影：杨荣光　安格洛　郭丽雯
插　　画：赵安详
文字编辑：陈　果　尚尔皓
责任编辑：栗心雨
责任校对：周嘉欣
技术编辑：平晓玉

青云出岫　香说炉石十六品
QINGYUN CHUXIU XIANGSHUO LUSHI SHILIU PIN

出版发行：长江出版传媒　湖北美术出版社
地　址：武汉市洪山区雄楚大街268号B座
邮　编：430070
电　话：（027）87679525（发行）87679535（编辑）
印　刷：武汉银翔印刷有限公司
开　本：787mm×1092mm　1/16
印　张：13.5
版　次：2025年1月第1版
印　次：2025年1月第1次印刷
定　价：88.00元

青雲出岫

孟崇題

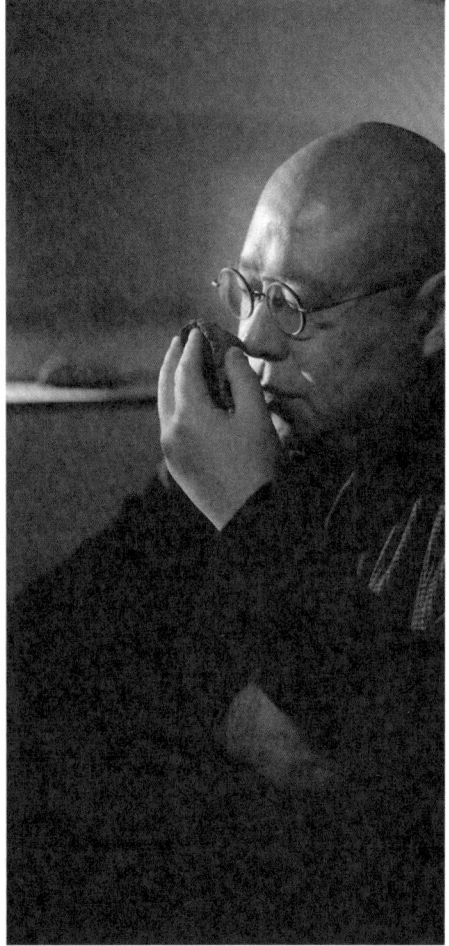

张博建

　　非物质文化遗产项目"楚地合香技艺"代表性传承人，上海工艺美术行业协会香文化专业委员会副主任，武汉香道文化研究会副会长，江苏工美红木艺术文化研究所副研究员。

序一

从燔柴祭天到熏香礼佛、焚香清修，中华香文化源远流长。作为焚香的专业器具，炉在中华文化史中不仅占据着不可或缺的重要地位，更以其千姿百态的形态诉说着每个时代的生产力水平、人文精神和审美意识。自石、陶、玉、铜又回归于石，中华香文化经历了从神到王到民间的演变过程。炉石既是文人雅士的心头好，也是普罗大众随手可得的精神享受。

湖北是炎帝神农故里，炎帝是中华人文始祖之一，也是农祖、药祖、香祖、乐祖……从目前考古实物和历史文献来看，楚人对香的钟情无有断绝。《楚辞》中植物百余种，其中香草香木34种，屈原《离骚》出现植物30余种，其中香草香木20余种。楚地出土春秋战国时期香炉、香料亦不在少数。

赏石的风气由来已久，至赵宋达到巅峰，我们都知道宋徽宗赵佶的"花石纲"。以石为炉，则当始于北宋苏东坡。文人士大夫推崇林泉雅致，又撄于俗务，不得时时亲近山水，则于文房案头遥想之也。"石下作一座子，座中藏香炉，引数窍正对岩岫间，每焚香则烟云满岫。"

汉上道友博建为"楚地合香技艺"传承人，精于焚香品茗，又好奇石。从大自然鬼斧神工的顽石中拎出十六品，仿司空图《廿四诗品》而名之，形态妥帖，意蕴玄逸，可以为范美。

熊召政

熊召政

　　出生于湖北英山，当代著名作家、诗人、学者。中国作家协会会员，湖北省作家协会副主席，第十四届全国政协委员，中华文化促进会常务副主席。

　　1973年，发表了第一首长诗《献给祖国的歌》，1999年开始相继出版长篇历史小说《张居正》四卷本，著有《酒色财气》《南歌》《请举起森林一般的手，制止！》等，其作品曾获第六届茅盾文学奖、第十届精神文明建设"五个一工程"奖、国家图书奖提名奖（中国出版政府奖前身）等，2005年被授予"湖北省文学创作特别贡献奖"荣誉称号。

序二

自20世纪80年代初始，我就是一个红木文化艺术创作研究的专业工作者。2000年初，为了从更广阔的维度弄懂红木与室内环境的关系，我兼任了江苏人文环境艺术研究院副院长一职，博建是在一次听了我关于《家居文化建设的"四化"》的演讲后与我相识的。初次见面，他那真诚求知的执着精神就给我留下了深刻的印象。

随后，他两年中坚持每周末从武汉来我南京家中学习，这让我对他有了更深的了解。原来，博建从小深受他外祖父的影响，对中国传统文化艺术情有独钟，尤其对香文化研究颇深。他对我关于中国传统香文化要放在室内环境中研究定位的观点深为赞同，于是，全力以赴，立志研究出一点成果来。2019年他正式成为我的入室弟子后，更是将我这套理论体系用于香文化的研究，终见成效。这部专著的面世，便是对他辛勤付出的最好回报。

书名中的"青云出岫"一词别具一格，意涵深邃，读者可以各自解读。我的解读是："青云"象征人的精神灵魂，"岫"象征物质大地。袅袅青烟环透奇石缭绕升腾的景象，便是青云出岫的写照。沁人心脾的香气，随青云般的烟雾环千姿百态的奇石飘舞，生出无限奇妙的景象，带给人们无比美妙奇特的审美意趣和享受，这应是本书的宗旨吧。

现代人在物质需求得到一定程度的满足后，最为渴求的一定是更高境界的审美需求。在人类视觉、听觉、触觉、嗅觉的四种感觉中，嗅觉是最为虚空的。本书以香为中心，拓展了与香有关的石、座、几、台诸多元素，丰富并立体化了香文化的内容，使之更易为现代人所理解、接受，并融入人们的现代美好生活，这样的做法显然与一些仅以炒作香料获利者的意趣、境界不可同日而语。这是最令我欣慰的事情。

相信博建的这本精美小书，对于丰富人们香文化知识颇有裨益，沿着这条正确的研究路径，未来定会奉献给读者更多的美义。

杨金荣
癸卯年冬至于江苏溧阳礼诗圩

杨金荣

  国家级非物质文化遗产项目精细木作技艺代表性传承
人，国际木文化学会特聘专家、副会长。

序三

唐张彦远《历代名画记》云："若复不为无益之事，则安能悦有涯之生？"博建贤契亦是如此游于艺事之士也。凡园林古建、古典家具、书画、茶事、香事，乃至紫砂、瓷器、竹木牙角诸传统艺事，皆是悦己之趣。

十多年前，博建贤契与余相识并一同研习传统香事，未几便已登堂入室。于武汉创观香一舍，广蓄南国名香宝材，复精研香品调合之术。茗碗熏炉、弦歌诗文、读画论艺，往来者皆江城名士鸿儒也。

博建贤契数十载游于传统艺事，厚积而薄发，近期示其大作《青云出岫：香说炉石十六品》，余拜读之，乃赞叹不已也。古之香事专论有南朝范晔《和香方序》、北宋丁谓《天香传》、北宋洪刍《香谱》、南宋陈敬《陈氏香谱》、明代高濂《遵生八笺·燕闲清赏笺》、明代周嘉胄《香乘》、清代王诉《青烟录》等，而论赏石清供则有唐代白居易《太湖石记》、北宋常懋《宣和石谱》、南宋杜绾《云林石谱》、南宋赵希鹄《洞天清禄集·怪石辨》、元代渔阳公《渔阳石谱》、明代林有麟《素园石谱》及清代王寅《冶梅石谱》等。香事、赏石之专著虽多而专论以赏石出香之炉石者，则古之未有者也。博建贤契所著《青云出岫：香说炉石十六品》于研习历代香事、赏石典籍之基础上，乃独树一帜，言前人之未言，论古人之未论，实难能可贵也。

是书精研出香炉石十六品，分别为稽古、抱月、锁云、栖霞、玉带、隔溪、载瞻、广漠、玲珑、精绝、纤秾、清寂、空明、玄藏、般若、太和。凡石之品名、质量、产地、典故、品赏、妙用皆娓娓道来，诗词、风俗、历史涉猎广泛，尤以炉石与香品之体用相融乃道今所未言也。文中抱月石以兰花之香为炷，以和北宋文人徐铉之"伴月香"逸事；锁云石焚以梅花香韵，以和宋代隐逸诗人林和靖"疏影横斜水清浅，暗香浮动月黄昏"之诗境。如此十六品炉石香韵，真风雅事也。虽"石不能言最可人"，盖云烟出岫，则石之言乎？山静似太古，云岫则添太古山石之灵动也。

开篇"香与炉石说"论述详尽，乃知著者所好之根底，愈见是书之专业也。

结篇专论"石质四种"曰"灵璧石、太湖石、英石、戈壁石"，详论适合炷香之四品炉石，石品之产地、种类、鉴赏等乃多年积累之经验，所言甚是精深，可谓喜好炉石者之门径也。

炉石为雅玩清供乃古已有之，南宋赵希鹄《洞天清禄集》载苏轼曾珍藏一名为"小有洞天"之炉石，文曰："东坡小有洞天石。石下作一座子，座中藏香炉，引数窍正对岩岫间，每焚香则烟云满岫。""小有洞天"名出唐代道书《玄珠心镜注》，为唐代著名道士紫阳真人邓思瓘于嵩山上隐居修道之处，乃神仙之府也。东坡以仙家洞天名此炉石，亦是作出尘游仙之意耶？

人生如白驹过隙，浮生匆匆。且偷闲于案头置一方炉石为清供，焚一炷清妙之香，散情忘虑、神悦心清，作白云出岫、淡烟笼月之想，噫！若置身于洞天烟霞间，作挟仙之游也。炉石之妙大矣哉！

吴清

岁在癸卯桂月于沪西清禄书院云音香室南窗

吴清

非物质文化遗产项目"江南传统文人香事"代表性传承人，上海市民俗学会理事，上海工艺美术行业协会香文化专业委员会主任，中国社会科学院研究生院考古系美术考古硕士，当代中华传统香学宗师刘良佑教授入室弟子。近年出版有《澄怀观道：传统之文人香事文物》《廿四香笺：二十四节气用香》《炉瓶三事：传统香事器具研究》。

7

自序

人生于大地，当我们的五指第一次有意识地握住石片，石器时代宣告开启，人类从此因"石"而蜕变，成为天下的主宰。

中国八千年未间断的玉文化，为"石"赋予了更高尚的意蕴，而"玉"的定义亦从"石"中来。《说文解字》有云：玉，石之美而有五德者。美石，还要求具备"润泽以温""䚡理自外，可以知中""其声舒扬，专以远闻""不挠而折""锐廉而不忮"这五种特性，以象征君子"仁义智勇洁"五德。

国人赏石的记载可以追溯到春秋战国时期，《太平御览》引《阙子》载："宋之愚人，得燕石于梧台之东，归而藏之，以为大宝，周客闻而观焉。"东汉到南朝时，士大夫在私家园林里堆砌峰峦，讴歌山水。降至隋唐，文人雅士除了在园中点缀奇石，还将一些"小而奇巧者"置于案头，称其为"清供"，并以诗记之，以文颂之。至宋时，赏石文化达至巅峰。

宋徽宗赵佶兴"花石纲"——装满了奇石的船只，从江南到开封，沿淮汴而上，"触舻相接，络绎不绝"，以一国之力供养出了当世最顶尖的雅石藏家。文人们奉他的品位为圭臬，米芾、苏轼、黄庭坚、司马光、欧阳修、王安石等文化名流，皆因此成为当时颇有影响的雅石藏家及品评达人。

众多赏石专著亦如浪潮涌现，如杜绾（字季阳）成《云林石谱》、范成大著《太湖石志》等。《云林石谱》原序首句即为"天地至精之气，结而为石"，故"石为天地之精"也。明清两代中最具代表性的则是明万历年间的林有麟所著之《素园石谱》，中云："石尤近于禅"，"莞尔不言，一洗人间肉飞丝语境界"。

与"石"的历史共同绵延的，还有"香"。

中华香事，从上三代（夏商周）的燎祭祭天、祭祖起，到秦汉魏晋的熏衣燎室，再到隋唐五代的礼佛熏制（爇）。及至两宋，香成为社会风尚，文人士大夫们习静参悟、清谈游乐时，俱与香为伴。明清时用香极盛，上至皇室贵族，下至文人雅士、平民百姓，香事已成为中华文化中重要的组成部分。

奇石能入文房清供，本是文人雅士的心头好，再与香事结合起来，更添几分逸趣。《洞天清禄集·怪石辨》言灵璧石："此石能收香，斋阁中有之，则香云终日盘旋不散，不取其有峰也。"

爇香于奇石内，香气自石中溢出，烟气袅袅，与石浑然一体，若蓬莱仙山。

此即炉石，正如东坡小洞天石，以石为炉顶，置于炉上，焚香时，烟云出窍，当"洞穴委曲相通，底座透空，堪施香烬，若烟云萦远乱峰间"，正如清代吕成家诗云："轻笼薄雾浓还淡，细篆微烟有若无。"

《云林石谱》中计有奇石116种，《素园石谱》中则计有246种，在众多奇石中，能作炉石者寥寥。炉石所用之石，以文人石为取向。《洞天清禄集·怪石辨》曰："……其余有灵璧、英石、道石、融石、川石、桂川石、邵石、太湖石与其他杂石，亦出多等。"天下美石众多，凡能入炉石之品者，无关石种，皆可用之。

炉石者，自然天成，或沟壑起伏如崇山峻岭，或随形而生内聚其意。以金、银、铜、瓷、紫砂、红木等材质经能工巧匠之手为炉体，暗合天地之道。

案头一方炉石，近可观香赏石——观分内外，外观其形、闻其味；内观其意、感其韵；远可映照内心，远山静水，云雾缭绕，案旁人仿佛只是这山中一角醉卧晚亭的雅翁，沉醉不知归处。苏辙言"心安即是身安处"，有炉石相伴，心安亦是归处。

赏炉石，可谓赏形，观云，品韵，望气。

赏形：

观炉石之形。或洞天，或玲珑，实中有虚，虚中带实。石本有"瘦、漏、透、皱、丑"之意境，为顶，与炉合，更添和合之美。

观云：

石形各异，烟出无定，或散，或聚，或环绕炉顶，或平浮半空，凝而不失，可谓"停云"。香云自炉石中升起，又因炉石而生出"萦远乱峰里""出没岩岫"之景，岂不美哉？

品韵：

作为案头雅玩，生机与此幽曲馨香同在。炉石与香互为表里，两者相和则犹如造化之物，种种变幻，气韵自成。

望气：

"古、宝、清、文、雅、静、秀、灵、霸"，此为九气。炉石品级中以其气、韵见高下。

明代旅行家徐霞客徒步云游三十三载，足迹遍布二十一省府，行程超过五万千米，并将途中所历记录在册，并由其家人整理成《徐霞客游记》。

苍野古道，名疆巨川，徐霞客只能用双脚走向远山，虽穷尽终生，仍未能走遍心中所愿。三百年后的今天，当千万里行程都可瞬间即至，诗与远方仿佛触手可及时，人们却在庸碌的日常中逐渐远离了生活的乐趣和精神的文明。

"更有会心处，翳然契林水。"

古人赏石、品香、造园，意在为自己造一方小世界，以静观宇宙，以心格物。如今，我们以炉承香，以石侍香，品其味，望其气，感其韵，既得香之清妙，又可望山林野趣和林泉高致。这蕴含其中的种种况味，隐逸之志，婉曲之言，浩荡之气，萧寂之情……皆在一座座跌宕蜿蜒、烟云缭绕的炉石中氤氲涅槃。

欧阳修曾憾言"趣远之心难形"，香与炉石却是这世间少有的"格胜终境"，有此大美为伴，聊以慰藉平生。

张博建

癸卯年冬暮岁于江城观香一舍青研香室

本书的收藏品，香，石，均为青研香堂珍藏

壹

香与炉石说

一、说香

【上古先秦时期】

馨香祷祝

上古时期，中国的先民们就开始使用香。中国的文字史中，最早出现"香"字，则是在殷商时期的甲骨文的卜辞中，写作𩑶，与现在的"香"字差别不大。东汉许慎《说文解字》中释为："香，芳也。从黍，从甘。《春秋传》曰：'黍稷馨香。'凡香之属皆从香。"《左传·僖公五年》载："黍稷非馨，明德惟馨……而明德以荐馨香。"

香最初为祭祀之用，《左传·成公十三年》载："国之大事，在祀与戎。祀有执膰，戎有受脤，神之大节也。"《诗经·大雅·生民》载："生民如何？克禋克祀，以弗无子。"这里的"禋"指的就是烟祭，即堆燃。"卬盛于豆，于豆于登，其香始升。上帝居歆，胡臭亶时。后稷肇祀，庶无罪悔，以迄于今。"此为"馨香祷祝"之俗。

《尚书·舜典》载："正月上日，受终于文祖。在璇玑玉衡，以齐七政。肆类于上帝，禋于六宗，望于山川，遍于群神。辑五瑞。既月乃日，觐四岳群牧，班瑞于群后。岁二月，东巡守，至于岱宗，柴。望秩于山川，肆觐东后。"此处"柴"是以烧树枝木柴祭祀天神。

清代段玉裁《说文解字注》释"柴，小木散材"曰："《月令》：乃命四监，收秩薪柴，以供郊庙及百祀之薪燎。注云：大者可析谓之薪，小者合束谓之柴。薪施炊爨，柴以给燎。按，寮柴祭天也。燔柴曰柴。"《礼记·祭法》曰："燔柴于泰坛，祭天也。"

良渚竹节纹灰陶熏炉

出土于福泉山良渚文化遗址的这件竹节纹灰陶熏炉，可能是目前找到的文物实物中最早的香具。熏炉高11厘米，口径9.9厘米（略小于底径），呈笠形，斜直腹，矮圈足，腹外壁饰有6圈竹节形凸棱纹，炉盖捉手四周有18个镂孔（3孔一组，共6组）。

"之"字纹灰陶熏炉炉盖

　　几乎同一时期，辽西牛河梁红山文化晚期遗址曾出土一件"之"字纹灰陶熏炉炉盖。这两件陶器熏炉样式与后世的熏炉一致（但异于祭祀用的鼎彝礼器），并且造型美观，堪称新石器时代末期的"奢侈品"，也从一个独特的角度折射出早期中华文明的灿烂。

　　在先秦的记载中，"禋、柴、燎"都是上古祭祀之名，《周礼·大宗伯》曰："以禋祀祀昊天上帝，以实柴祀日、月、星、辰，以槱燎祀司中、司命、风师、雨师。"近现代在安阳殷墟出土的，公元前1300多年的殷商甲骨卜辞中，也有很多关于燎祭的记载。

　　上古祭天，有登山筑坛而祀者，有平地修时而祠者，古人点燃燔柴，烟气升腾，直达苍穹，似乎形成了一条从人间直抵上天的通路。那时的人们认为，这条通路能让天神欢喜，从而降福人间。

　　先秦时期的祭祀用香，多是艾蒿、茅草这种燃烧后具有较大凝实烟气的植物。将这些植物采集后，晾干水分，再堆在一起燃烧，除了能产生直冲云霄的烟气外，还会产生强烈的味道，称之为"臭（xiù）"。

　　《礼记·郊特牲》载："殷人尚声，臭味未成，涤荡其声。乐三阕，然后出迎牲。声音之号，所以诏告于天地之间也。""周人尚臭，灌用鬯臭，郁合鬯。臭，阴达于渊泉。灌以圭璋，用玉气也。既灌，然后迎牲，致阴气也。"

　　我们现今所燃香料制成的单品香、合香等，都是源于上古之柴、烟燎祭。

　　当时取萧、茅、蒿等燎祭亦是一种统治手段，而今这种风俗在部分地区仍有存在。藏传佛教以柏树树枝"煨桑"同上古之柴祭、燎祭最为接近，而曲阜孔庙的祭孔大典中燎祭礼仍有保存。

　　宋刘敞《公是集·三脊茅记》云："古之祭祀无不用茅者，而至于封禅，则必三脊茅以为神藉。三脊茅出于江、淮之间，盖非其地不生。而江、淮之间则皆楚、越国也，有王者则后服，无王者则先叛，自三代之君莫不患之。故封禅者，必三脊茅，其意以为能服楚、越，使以其职来贡，则三脊茅可致，而封禅乃宜矣。"

香以咏志

屈原作为先秦重要的文学家，在他的作品中有大量与香有关的内容。《离骚》中有"朝饮木兰之坠露兮，夕餐秋菊之落英""户服艾以盈要兮，谓幽兰其不可佩"，等等。他以香草形容君子，以恶草形容小人，是以香为歌咏托寓，香的浪漫与高洁从此流传至今。

居有兰香，佩有香草，先秦以香养人的思维开始逐渐成形，士大夫阶层以此借物抒情、以香明志、用香养性，这是一种区别于"香以为祭"的用香方式，一方面为使用者提供了良好的身心感受，另一方面则是利用香料的药用价值，为使用者提供更好的养生体验。

东汉蔡邕亦有《琴操》记载：孔子周游列国时，自卫返鲁途中，见幽谷之兰，叹曰："夫兰，当为王者香，今乃独茂，与众草为伍！"遂停车抚琴，成《幽兰》曲。《孔子家语》亦云："与善人居，如入芝兰之室，久而不闻其香，即与之化矣；与不善人居，如入鲍鱼之肆，久而不闻其臭，亦与之化矣。"

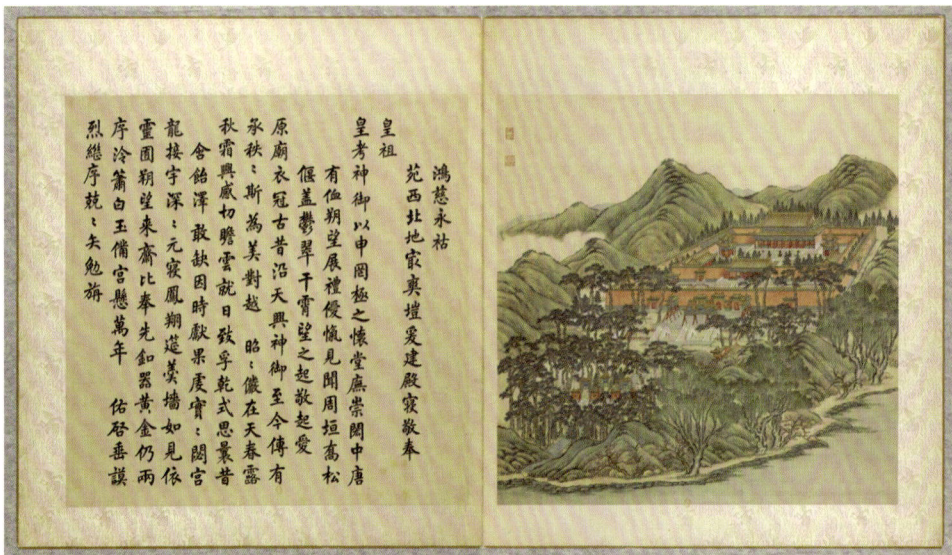

清 唐岱 《圆明园四十景图咏册》

【两汉时期】

博山升仙

西汉时，帝王为了求得长生不老，大都信奉方士神仙之说，博山炉即诞生于这种升仙信仰之中，并在汉代广为流行。博山炉上的众多羊角形尖角代表博山，博为广、大、多等意，"博山"即蓬莱众多仙山。

自战国至西汉中前期，熏炉的形状大多为炉型较扁，炉盖出气孔较大的豆形熏炉。博山炉炉体下部开进气孔，上部炉盖气孔亦较大，皆因这一时期用以熏烧的香料主要为本地所产的香茅草、辛夷、高良姜等草本植物，需引火焚烧，所以炉体浅，且进出气顺畅，以保证熏烧不会熄灭。

这件出土于河北满城陵山汉墓的错金银博山炉，是汉代香具的代表，炉体的花纹清晰可见，几乎没有什么破损。作为炉盖的部分以精妙之法铸成山形，意指海外仙山。而该墓的主人正是历史上赫赫有名的汉景帝之子——中山靖王刘胜。

满城汉墓出土错金银博山炉

秋兰为佩

《离骚》曰："纫秋兰以为佩。"使用香囊、香枕和熏香是战国时期楚地的习俗，而在长沙马王堆汉墓中的发现亦证实了这一点。辛追夫人的绣花枕中填塞以佩兰叶，四个织绣绢质香囊，内装香料，分别是香茅根茎、花椒、茅香和辛夷。随葬竹简中还记载，汉代称香囊为"熏囊"。墓中另有绢袋，内有花椒、茅香、桂皮、高良姜、姜、藁本、辛夷、杜衡，辛追夫人手中握着的绢包中还有花椒、茅香、桂皮和高良姜。

该墓同时还出土了两件彩绘陶熏炉，都有使用过的痕迹，其中一件中有燃烧过的茅香炭状根茎，而另一件中则有茅香、高良姜、辛夷、藁本等香草。

汉 黄褐绢地"长寿绣"枕头 湖南省博物馆藏

汉 绮地"信期绣"香囊 湖南省博物馆藏

　　1972年，长沙马王堆一号汉墓由湖南省博物馆及中国科学院考古研究所共同发掘，墓主人为西汉初期长沙国丞相、轪侯利仓的夫人辛追。该墓出土了保存完好的古尸、丝绸织物、乐器、漆器、竹简、竹木器、铜器、陶器、彩绘帛画以及大量的动植物标本。其中共出土香囊、香枕、熏炉及352件竹笥内装的药物，供芳香辟秽。

药香同源

　　马王堆三号汉墓中出土帛书《五十二病方》，录方283个，记载药物254种，其中药浴法、熏灸法中大量使用了艾、青蒿、兰草、茱萸、蜀椒、桂皮、辛夷等香料。

　　两汉时期中医理论和实践不断发展，而中医的用药使用了大量的香料，官方对医家的尊重也达到了一定的高度。《汉书·平帝纪》载："征天下通知逸经、古记、天文、历算……《本草》以及五经、《论语》、《孝经》、《尔雅》教授者……遣诣京师，至者数千人。"当时的香是在本草之内的。《史记·扁鹊仓公列传》中记述《药论》一书，另有吴普所作《吴普本草》、李当之著《李当之药录》等，虽原书亡佚，但后代医术著作中仍有记述、引用。

　　西汉初期，国外香料还未大规模进入中国，直至张骞通西域后，这些来自古波斯地区、古印度地区以及欧洲的香料便开始进入中国。清代姚振宗编著《后汉艺文志》曰："宋张邦基《墨庄漫录》、《汉宫香方》，郑康成注：沉水香，二十四铢，著石蜜复汤鬻，以指尝试，饮甲则已。"

　　东汉末年连年战乱，后又历经北方游牧民族南迁，虽政权更迭，战乱不断，但文化思想却相对繁盛。佛教传入、道教勃兴、玄学兴起，甚至西域诸国文化羼入，使得这一时期的文化艺术大放异彩。此时香事专著也陆续出现，有范晔《和香方》一卷、宋明帝《香方》一卷、《杂香方》五卷、《龙树菩萨和香法》二卷等，但遗憾的是，以上书籍均已佚失。与香事有关的专著还有陶弘景《本草经集注》，书中不仅对先秦以来的药物进行了一次系统总结，还增加了檀香、乳香、苏合香等外来香料，并特别注释苏合香"唯供合好香尔"。

　　陶弘景还著有《名医别录》，首次将沉香、龙脑列入医药本草中，且将沉香列为上品。南北朝刘宋时雷敩（xiào）著《雷公炮炙论》三卷，因其中炮制药材的方法为首创，后世将其尊为炮炙始祖。而传统香料炮炙和中药材炮炙基本差不多，如香丸制法就同炼蜜为丸如出一辙，因此该书也是研究学习古代香料炮炙和制香的重要典籍。东晋葛洪著《肘后救卒方》，经陶弘景增补后名为《华阳隐居补阙肘后百一方》，后经金代杨用道、宋代唐慎微增益，称《葛洪肘后备急方》。其中卷之六有"六味熏衣香方"，此香方距今约1600年，为迄今所知有据可查的我国存世最早的熏衣合香方。（备注：目前确认的最早合香方为距今1860年的汉建宁宫中香方。）

四海香来

在这一时期，除了本土香料被逐渐发掘外，还有很多东南亚、西亚的香料经东南亚的"海上丝绸之路"及西域"陆上丝绸之路"进入中国。如鸡舌香，《海药本草》按《山海经》云："生东海及昆仑国。"《太平御览》引《广志》曰："鸡舌出南海中乃剽国，蔓生，实熟贯之。"又南宋赵汝适《诸蕃志》卷下"丁香"条目，载曰："丁香出大食、阇婆诸国，其状似'丁'字，因以名之。能辟口气，郎官咀以奏事。其大者谓之丁香母。丁香母即鸡舌香也。"这里说到的"大食、阇婆诸国"即现在的中南半岛和马来半岛。

《史记·货殖列传》载："番禺亦其一都会也。珠玑、犀、玳瑁、果布之凑。"果布即龙脑香，《一切经音义》中则将其记作"羯布罗"。陶弘景《名医别录》云："出婆律国，形似白松脂，作杉木气，明净者善。"婆律国即现在的印度尼西亚加里曼丹岛。

东汉杨孚《交州异物志》载："蜜香，欲取，先断其根。经年，外皮烂，中心及节坚黑者，置水中则沉，是谓'沉香'；次有置水中不沉与水面平者，名'栈香'；其最小粗者，名曰'椠香'。"其中，蜜香即指沉香也。（备注：《异物志》为书名，后为区别他著，别称为《交州异物志》。）

东汉末万震《南州异物志》曰："沉水香出日南，欲取，当先斫坏树，着地积久，外皮朽烂，其心至坚者，置水则沉，曰沉香。其次在心白之间，不甚坚精者，置之水中，不沉不浮，与水面平者，名曰栈香。"所谓日南国即越南一带。

《魏略》曰："大秦出熏陆。"《魏书》卷一百二《西域传》"波斯国"云："波斯国，都宿利城，在忸密西，古条支国也。去代二万四千二百二十八里。……土地平正，出……熏陆、郁金、苏合、青木等香，胡椒、毕拨、石蜜、千年枣、香附子、诃黎勒、无食子、盐绿、雌黄等物。"这里的熏陆、郁金、苏合、青木等皆为香料。而波斯国即古波斯国，今伊朗等地。

《三国典略》曰："周师陷江陵，初，梁主以白檀木为梁帝之像，每朔望亲祭之。军人以其香也，剖而分之。"崔豹《古今注》曰："紫旃木，出扶南林邑，色紫赤，亦谓紫檀也。"此为檀香，原产于印度、马来西亚、澳大利亚、印度尼西亚等地。

《太平御览》香部二载："《魏略》曰，大秦迷迭。"《广志》曰："迷迭，出西海中。"魏文帝有《迷迭赋》曰："余种迷迭于中庭，嘉其扬条吐香。"此处所载为迷迭香，古今同名同物，别名海洋之露，产自欧洲和北非地中海沿岸。

合（和）香始现

中国传统古籍中称和合香品为和香，其制作过程为合香。所以，范晔《和香方》等古书均称和香，日本则不分"和""合"而沿袭通称为合香。

西汉中期以后流行的博山炉使用的焚熏香材，为多种香料粉末调制的复合香料，已非直接焚烧，而是用专门制作的香炭来熏烤。"合（和）"的出现，是我们用香史上的重要突破，由人工调制香料来达到人们对自然单一香味的改变，并且由熏烤代替燃烧从而改善烟气对香味的破坏，这说明古人此时的用香方式，已经逐渐走向成熟。

而魏晋南北朝时期不但承两汉熏香之风，世人还开始盛行礼佛、修道，崇尚清谈放逸。人们熏衣剃面、傅粉施朱、佩戴香囊、沐浴五香等。

　　《邺中记》载：石虎作沉苏帐，帐顶以金莲花盛香，四周上下悬十二个香囊。冬月于帐四角置纯金银雕镂的香炉，并以杂以五香的丝锦作席，以旃檀做车。

　　梁元帝《香炉铭》曰："苏合气氲，飞烟若云；时浓更薄，乍聚还分；火微难烬，风长易闻；孰云道力，慈悲所熏。"

　　道世《诸经要集》载：香为佛使，烧香是为了遍请十方一切凡圣，以表呈所做的善事。行香即烧香，行香的目的是请佛。今中国佛教仪轨中行香之法皆始于道安法师也。

　　除熏焚外，这一时期香料也大量应用于皇室贵族豪门的沐浴、美容。《太平广记钞》卷三十五载《拾遗记》："灵帝中平三年，于西园起裸游馆十间……西域所献茵墀香，煮为浴汤，宫人以之沐浴。浴毕，余汁入渠，名曰流香渠。"

　　后赵的石虎在邺城大兴宫室，生活极尽奢靡。前秦王嘉撰《拾遗记》卷九"晋时事"载："又为四时浴室，用鍮（tōu）石珷玞（wǔ fū）为堤岸，或以琥珀为瓶杓（sháo）。夏则引渠水以为池，池中皆以纱縠（hú）为囊，盛百杂香，渍于水中。严冰之时，作铜屈龙数千枚，各重数十斤，烧如火色，投于水中，则池水恒温，名曰'燋龙温池'。引凤文锦步障萦蔽浴所，共宫人宠嬖者解媟服宴戏，弥于日夜，名曰'清嬉浴室'。浴罢，泄水于宫外，水流之所，名'温香渠'。渠外之人，争来汲取，得升合以归，其家人莫不怡悦。"

【隋唐五代时期】

海药本草

隋唐时期发明了雕版印刷术，使书籍刊印更为便利，思想文化的传播得到促进，统治者们也对历史经籍进行了大力搜集。

当时的医家对本草的研究渐趋深入，国家还颁布了药典《新修本草》，成为药物学发展的重要标志。隋唐时期并未发现关于香学的相关专著，但对于香料、制香方式、合（和）香方、用香方式的研究并未中断，而是将其列入本草研究之中，这个时期的本草书籍中，有大量关于香的内容。其中成书于唐末五代，由著名词人李珣所作的《海药本草》一书，记述香料繁多，几乎可称为一本介绍香药的专著。

《隋书·经籍志》记载医书256部，合4510卷，其中草本28部，84卷；《旧唐书·经籍志》载本草49部，397卷；《新唐书·经籍志》载本草47部，512卷。这一时期也出现了许多本草专著，如《本草图》《药图》《海药本草》《胡本草》《制伏草石论》等。

《海药本草》共记载了五十余种芳香药，如青木香、兜纳香、阿魏、毕拔、肉豆蔻、零陵香、缩砂蜜、艾纳香、甘松香、茅香、迷迭香、瓶香、丁香、藒香等。其中大多数用于治病，少数以焚烧熏燎为用，还有一些作用是美容或调味。它还具体介绍了很多香料的产地、性状等，为后来者研究中国古代香料提供了宝贵的文献资料。

《通志·艺文略》和《秘书省续编到四库阙书目》对此书均有著录。宋代傅肱《蟹谱》、洪刍《香谱》、刘昉《幼幼新书》、唐慎微《证类本草》均引用过《海药本草》。

李珣祖上为波斯人，唐僖宗时入蜀，家族以经营香药为业。当时的香药主要经"海上丝绸之路"由海舶输入中国，故称海药。李珣晚年隐居，曾在岭南一带生活，他的家族祖业便是贩卖香药，接触海药的机会也多，对于海药的性质与功用有较深的了解，因此撰写了《海药本草》，此书在外来香料药物知识和补遗本草方面做出了很大的贡献。

佛香互融

自东汉末年开始，佛教东传带来了印度以及西域地区的用香方式和异域香料，极大丰富了我国的传统香事文化。隋唐时期佛教文化进入鼎盛状态，香事与佛事的联系也更为紧密。

《隋书·经籍志》中曾录有《龙树菩萨和香方》二卷，而流传至今的大量佛经中亦保存了许多与香事有关的历史资料。敦煌所出土的唐时佛浴用香，与唐代孙思邈《千金翼方》中《妇人面药第五》、《熏衣湿衣香第六》、《令身香第七》、《生发黑发第八》及唐代韩鄂《四时纂要》第十二月卷《面脂香》、《熏衣香方》等香药方大同小异。

由此可见，唐代中原地区与西域地区在所用香料和香药配方上殊途同归，并且中原传统香药与印度等西域香药相互融合，逐渐形成了具有中土特色的香药配方，而佛教在这个过程中有非常大的桥梁作用。

五代香事

五代时基本延续了唐时的用香方式，但用香又各有特色。

岭南南汉用香奢靡，史载："广府刘龑（yǎn）僭大号，晚年亦事奢靡，作南熏殿，柱皆通透，刻镂础石，各置炉燃香，故有气无形。上谓左右：'隋帝论车烧沉水，却成粗疏，争似我二十四个藏用仙人？纵不及尧舜禹汤，不失作风流天子。'"后周太祖因以外姓继统，故祭祀皆崇厚，灵前所供看果皆以香材雕刻而成，并以黄金盘盛放。

而据载四川的后蜀宫中日夜焚香不断，蜀王厌烦了宫中香味，又以烧皂荚来改变气味，《续世说》载："蜀主王衍，奢纵无度，常列锦步障，击球其中，往往远适而外人不知，爇（ruò）诸香，昼夜不绝。久而厌之，更爇皂荚以乱其气。"

宋《清异录》载："后唐龙辉殿，安假山水一，铺沉香为山阜，蔷薇水苏合油为江池，苓藿、丁香为林树，薰陆为城郭，黄紫檀为屋宇，白檀为人物。方围一丈三尺，城门小牌曰灵芳国。或云平蜀得之者。""吴越外戚孙承佑奢僭异常，用龙脑煎酥制小样骊山，山水、屋室、人畜、林木、桥道，纤悉备具，近者毕工。承佑大喜，赠蜡装龙脑山子一座。其小骊山，中朝士君子见之，云围方丈许。"

明 闵齐伋 《西厢记》插页

大食国花露

《册府元龟》卷九七二"外臣部朝贡五"云："五年九月（周世宗显德五年），占城国王释利因德漫遣其臣萧诃散等来贡方物，中有洒衣蔷薇水一十五琉璃瓶。言出自西域，凡鲜华之衣以水洒之，则不黦（yuè）而馥，郁烈之香，连岁不歇。"此处"蔷薇水"，类似如今的香水，又称之为"大食国花露"。

宋《诸蕃志》载："记施国在海屿中，望见大食，半日可到……大食岁遣骆驼负蔷薇水、栀子花、水银、白铜、生银、朱砂、紫草、细布等下船至本国，贩于他国。"占城进贡的蔷薇水并非占城所产，而是从大食国贩卖而来。蔷薇水就是采集蔷薇花蒸馏所得的精油类香水，五代时皆为西域贩卖而来，一直到宋代我国才有自己制作的花卉蒸馏香水，谓之"百花露"。

香花五宜

五代时，日常也将焚香与插花结合，南唐韩熙载有五宜之说："对花焚香，有风味相和，其妙不可言者。木犀宜龙脑，酴醾宜沉水，兰宜四绝，含笑宜麝，薝蔔（zhānbǔ）宜檀。"

隋唐五代时，香料除用于医药、熏香、熏衣、美容、洁牙、制作工艺品、建筑或沐浴外，还用于和茶、造纸、制墨、酿酒等。唐代陆羽《茶经》载："饮有粗茶、散茶、末茶、饼茶者，乃斫、乃熬、乃炀、乃舂，贮于瓶缶之中，以汤沃焉，谓之痷茶。或用葱、姜、枣、橘皮、茱萸、薄荷之等，煮之百沸，或扬令滑，或煮去沫。斯沟渠间弃水耳，而习俗不已。"

陆羽虽在书中反对在茶中加入香料，提倡清饮，但唐代饮茶中加入调料、香料却是不争的事实。直到现在，我国很多地方还保留着这种饮茶习俗。如江西、广东、福建、台湾客家人之擂茶，便是在茶中放入葱、姜、芝麻、花生粉与薄荷等共饮，云南、四川等地的彝族亦有此种吃茶法。

在隋唐五代时期，香器的发展也逐渐定型，香炉、香箸瓶、香盒（合）、香匙已逐步形成，香事器具逐渐规范化、专业化。唐代法门寺地宫就出土了鎏金卧龟莲花纹五足朵带银香炉、鎏金雀鸟纹镂空银香囊、鎏金双蜂团花纹镂空银香囊、壸门高圈足座银香炉、鎏金鸿雁纹壸门座五环银香炉、素面银香炉、鎏金伎乐纹银香宝子、鎏金银龟熏炉、象首金刚铜香炉、如意柄银手炉等众多精美的香器。（备注：目前从法门寺地宫出土文物看，唐代尚无箸瓶匙箸与香盒出现，最早记载与实物大概在元代，唐代储存香料器物为香宝子。）

法门寺地宫出土唐代鎏金卧龟莲花纹五足朵带银香炉

这件鎏金卧龟莲花纹五足朵带银香炉出土于法门寺地宫，香炉、炉台成组配套出土，在当时属首例。出土时，该炉位于地宫后室，为唐懿宗供奉。形制高大，用了錾刻、钣金、鎏金、铆接等工艺，制作精美。炉底有同心旋痕并錾刻"咸通十年文思院造八寸银金花香炉一具，并盘及朵带子，全共重三百八十两，匠臣陈景夫、判官高品臣弘愨、使臣能顺"。外底錾文"三字号"，盖内沿錾文"一字号"。炉台锤击成形，附件浇铸，纹饰鎏金。多口，浅腹，平底，有五足及朵带，香炉置于其上，即炉台和香炉可以组合使用。炉台呈五瓣葵口，内底有长尾华美的相对翱翔之双凤，均口衔瑞草，双凤下及葵瓣间均錾缠枝蔓草。炉台内边口沿饰几何纹一周，炉台下有五只独角天龙兽足，以销钉铆接绶带盘曲而成的朵带环于两足之间的腹壁外。外底錾刻"四字号"。

北宋 张择端《清明上河图》(局部) 故宫博物院藏

【两宋时期】

香料贸易

两宋时期积极的对外贸易，不但为国家带来了丰厚的财政收入，还带来了无数的外国商品，其中就包括大量的香料。手工业的兴盛使得城市的商业活动更为广泛，大城市不再有坊市区分，还产生了夜市。南宋时临安的人口达到124万，超过了北宋时的汴梁。而对外贸易的发展也让港口贸易兴盛起来。广州、泉州、明州、杭州、澉浦、钦州、漳州、华亭、温州、台州、江阴军、平江府、登州、密州不但成为贸易口岸，而且还设立了专门管理海外贸易的机构"市舶司"。

赵汝适在任福建路市舶司提举期间著《诸蕃志》，其中罗列与宋通商之国，并记大量香料的来源。如龙脑（脑子）出自勃泥国；乳香出自大食国；金颜香出自真腊、大食；笃耨香出自真腊；苏合香油出自大食国；安息香出自三佛齐国；沉香所出非一，真腊为上，占城次之，三佛齐、阇婆等为下；黄熟香诸番皆出，而真腊为上；生香出占城、真腊，海南诸处皆有之等。

与宋通商的国家和地区有高丽（今朝鲜）、倭国（今日本）、交趾（今越南北部）、占城（今越南中南部）等。

因宋代香药消耗量极大，绝大多数香料又多来源于海外贸易和朝贡贸易，利润极大，因此"太宗时，置榷署于京师，诏诸蕃香药宝货广州、交趾、两浙、泉州，非出官库者，无得私相贸易"，对这些货物进行官定专买专卖，私自买卖是违法的。

《宋会要辑稿·兵三》记："熙宁十年正月十三日诏，诸巡捕人不觉察本地分内有停藏透漏货易私茶、盐、香、矾、铜、锡、铅，被他人告捕获者，量予区分，本犯人罪自徒杖八十至流杖一百，同保知情杖六十……"南宋初年又对香料加以禁权。两宋时期对于香药等外来奢侈品的垄断获利颇丰，也反映了当时正是我国对外贸易历史上香药贸易的鼎盛时期。

《宋史·食货志》载："香，宋之经费，茶、盐、矾之外，惟香之为利博，故以官为市焉。建炎四年，泉州抽买乳香一十三等，八万六千七百八十斤有奇。诏取赴榷货务打套给卖，陆路以三千斤，水路以一万斤为一纲。绍兴元年，诏：广南市舶司抽买到香，依行在品搭成套，召人算请，其所售之价，每五万贯易以轻货输行在。六年，知泉州连南夫奏请，诸市舶纲首能招诱舶舟，抽解物货累价及五万贯、十万贯者，补官有差。大食蕃客啰辛贩乳香直三十万缗，纲首蔡景芳招诱舶货，收息钱九十八万缗。"

四般闲事

宋时，文化、经济、审美都达到了较高的程度，又因皇家"重文轻武"的思想成为社会主流，文人士大夫阶层之中更是发展出了"焚香、点茶、插花、挂画"这"四般闲事"。

社会安定富庶，士族文人间频繁组织各类雅集活动，其中著名的有司马光的"真率会"、文彦博的"耆英会"、欧阳修的"玩月会"、李昉的"九老会"、宋代官方三馆秘阁之"曝书会"、宫廷内举办的"斗茶会"等。

南宋 佚名 《竹涧焚香图》 故宫博物院藏

文人雅士在雅集中互相学习，品评审美，并开编著谱录之风。这一时期的雅好专著有：李之彦《砚谱》、高似孙《砚笺》、叶樾《端溪砚谱》、洪刍《香谱》、叶廷珪《名香谱》、沈立《香谱》、陈敬《陈氏香谱》、曾慥《香后谱》、杜绾《云林石谱》、赵佶《大观茶论》、窦子野《酒谱》、范成大《石湖菊谱》《范村梅谱》、欧阳修《集古录》、赵明诚《金石录》、吕大临《考古图》、李清照《打马图经》等等。

在宋代宫中，用香则更为讲究，不仅上朝时有专门的仪鸾使焚香，大型宴会时，还有可移动的香毬、口吐香雾的银狮子以及用（lù）端熏炉等香具。

明 铜甪端炉 青研香堂藏

    《文昌杂录》载："集英殿大宴，酒九行。初，有司预于殿厅，设山楼排场，为群仙队仗，六蕃进贡，九龙五凤之状，设鸡唱楼于侧，殿上陈绣帘，垂香球，设银香兽于槛内，藉以文茵，设御茶床、酒器于殿东北槛间。"朝中接见外国使臣时有"撒殿"之礼，《石林燕语》载："元丰间，三佛齐、注辇国入贡，请以所贡金莲花、真珠、龙脑依其国中法，亲撒于御座，谓之撒殿。诏特许之。御延和殿引见，使跪撒于殿柱外，前未有也。"

    宫中祭祀用香仪轨更繁，《宋史·礼志》载："凡常祀天地宗庙，皆内降御封香，仍制漆匮，付光禄司农寺，每祠祭命判寺官缄署礼料送祠，所凡祈告亦内出香，遂为定制。嘉祐中，裴煜请大祠悉降御封香，中小祠供太府香。"

    祭祀仪式谓之行香或烧香，若逢国忌日，还有严格规定的行香仪轨，朝中百官均需遵守，并由御史台及其属下监香使来规范行香礼仪。有些场合行香即烧香，有些场合行香却是撒香。《西溪丛语》载："行香，起于后魏及江左齐、梁间，每燃香薰手，或以香末散行，谓之行香。"

    庄绰《鸡肋编》卷下载权臣蔡京焚香娱客的故事："渠为从官，与数同列往见蔡京，坐于后阁。京谕女童使焚香，久之不至，坐客皆窃怪之。已而报云香满，蔡使卷帘，则见香气自他室而出，霭若云雾，濛濛满坐，几不相睹，而无烟火之烈。既归，衣冠芳馥，数日不歇。计非数十两，不能如是之浓也。其奢侈大抵如此。"

吟徵調商竈下桐
松間疑有入松風
仰窺低審含情客
以聽無絃一弄中
臣京謹題

聽琴圖

北宋 赵佶 《听琴图》 故宫博物院藏

宋时文人雅士间品香盛行，他们勘研香学，亲历香料产地辨真伪、品优劣，甚至还会亲自调制合香，这些好香雅士也成为香事中的行家。苏轼、丁谓、范成大、叶廷珪、黄庭坚、颜博文、沈立等皆精于香事，并著有香谱或香文传世。

台北故宫博物院藏有黄庭坚《书药方》册页一帧，内容实为香方，香名为"婴香"，故册页亦称《婴香贴》或《制婴香方》。婴香应为闺阁玉女之香。陈敬《陈氏香谱》载黄庭坚有四个极为喜爱的自用香方，称之为"黄太史四香"，分别为"意合香""意可香""深静香""小宗香"。黄庭坚有诗云："天资喜文事，如我有香癖。"丁谓更是以喜香为名，每上朝必以名香熏衣，并著有《天香传》。其余李昉《太平御览·香部》、范成大《桂海虞衡志·志香》等，不在此赘述。

同时期的寺院禅堂也有着严格的焚香吃茶仪轨，宋真定府十方洪济禅院住持慈觉大师编辑的《禅苑清规》，是我国佛教现存最早的禅门清规典籍。书中记载了许多佛门内不同场合的用香礼仪和规范，如禅门行香、烧香礼仪，"常令衣服完净，无带垢腻……只可焚香瞻礼，不可倚靠栏楯，聚头语笑"。

香器尚古

宋代的香事器具在隋唐、五代的基础上更加丰富完善。《宋史》卷一百五十四，志第一百七《與服六·宝》载宋代皇帝乘坐的腰輿中所置物品，曰："香炉、宝子、香匙、灰匙、火箸、烛台、烛刀，皆以金为之，是所谓缘宝法物也。"

故宫博物院藏宋徽宗赵佶所作《听琴图》轴中，鼓琴者右侧高香几上置高足杯式香炉及香盘。台北故宫博物院藏赵佶所作《文会图》中，石琴桌上亦置铜三足鼎式炉。以夏商周三代古铜礼器形式为香炉成为宋代风尚，并影响了此后千年的香炉制式。南宋《梦粱录》"诸色杂货"条载："且如供香印盘者，各管定铺席人家，每日印香而去，遇月支请香钱而已……其巷陌街市……供香饼炭墼（jī）。"

宋代传世及出土的香事器具有一定的存世量，而近现代考古发现，宋代各地的窑口几乎均烧制过香炉、香盒，部分窑口还烧制香箸瓶等香事器具。

根据考古发现和传世藏品所见，宋代的炉具器型的确以仿三代铜礼器居多，其中以尊式、鼎式、鬲式、簋式为主，还有双鱼耳炉、高足杯式炉、高足宽沿炉、多足宽沿炉、球形炉、莲花形炉、鸭形熏炉、狻猊（suānní）形熏炉、鸳鸯形香炉、博山炉等。

赵希鹄著《洞天清禄集·古钟鼎彝器辨》载："古以萧艾达神明而不焚香，故无香炉。今所谓香炉，皆以古人宗庙祭器为之。爵炉则古之爵；狻猊炉则古踽（jǔ）足豆，香球则古之鬵（xín），其等不一。或有新铸而象古为者，惟博山炉也，乃汉太子宫所用者。香炉之制始于此。"

【明清时期】

宣德铜炉

明成祖朱棣时，为解决北方游牧民族的侵扰，太子朱高炽提出用国库香料抵官员俸禄，于是大量香料被低价甩卖进入民间，从此开始在民间使用。但一些名贵香料，价格仍然不低。《星槎胜览》的作者费信曾随郑和四下西洋，书中载苏门答腊的龙涎香："官秤一两，用彼国金钱十二个，一斤该金钱一百九十二个，准中国铜钱四万九十文。"嘉靖四十二年（1563）四月和八月，福建抚臣两次进献龙涎香，只有八两与五两。永乐皇帝还曾命令交趾以苏木、沉速、安息诸香代租赋。

明代宫廷用香非常严格，其中沉香、降真香等应用均有严格规定。《典故纪闻下》卷十三载曰："天顺时，皇太后丧礼进香，有以他木伪为降真香货卖者，锦衣卫捕获以闻，命各追真香二十炷，完日罪之。"

明代宫廷用香以明宣宗时最为鼎盛，明宣宗朱瞻基曾下令，参照皇府内藏的柴窑、汝窑、官窑、哥窑、钧窑、定窑名瓷器款式，及《宣和博古图》《考古图》等古籍，由宫廷御制铸造铜香炉，此即为宣德炉。

虽宣德年间是否造炉及吕震等人奉旨铸炉又著书的记载尚存疑，但流传至今的宣德炉款式确实古朴大气，精美异常。其基本形制是敞口，方唇或圆唇，颈矮而细，扁鼓腹，三钝锥形实足或分档空足，口沿上置桥形耳，或"了"形耳，或兽形耳，铭文年款多于炉外底，与宣德瓷器款近似。

晚明以来，文人论宣德炉颇多，明末四公子之一的冒襄作有《宣炉歌注》，是为赠好友方拱乾《宣德铜炉歌为方坦庵年伯赋》而作的注。冒襄此人精于香事，所著《影梅庵忆语》中有诸多香事篇章，其《宣炉歌注》则在宣德炉的器型样式、皮色、等级优劣等方面进行了一番论述。

明代香学专著中集大成者为周嘉胄的《香乘》。朱权的《臞仙神隐书》、屠隆的《考槃余事》、高濂的《遵生八笺》、文震亨的《长物志》、项元汴的《蕉窗九录》、陈继儒的《眉公杂著》等书中均录有香事相关篇章。

其中宁献王朱权《臞仙神隐书》中集宋元文人香事论述，《焚香七要》阐述了用香器具的法度。《焚香七要》对明清两代文人影响极大，高濂、项元汴、屠隆、文震亨都有转录阐发，并且传至东亚各国，日本杏熏堂《香志》亦有收录。

清宫奇楠

清宫内除了信仰满族萨满教外，还有藏传佛教、汉传佛教、道教等诸多信仰。清宫的祭祀要比前朝更盛，用香的场景也更多。

清代用香，已经经过宋明两代发展达到成熟，对于单品香、合香都有较高超的制作工艺，对于原料选择也有大量的文献和研究。清宫香方繁多，现在已经被单列为一个品类。从清内务府造办处《各作成做活计清档》所载可知，雍正皇帝曾下令要求人去分辨香的等级，确认是否为奇楠。

雍正四年（1726）三月初七《杂活作》载："沉香一块重七觔（斤），奉旨：着认看，或是伽楠香，或是沉速香，认别分明，亦收在造办处库内"，同日据牙匠叶鼎新"认看得，不是伽楠香，是沉速香"，同年六月十八日《木作》记"香一块，重八斤，奉旨：着认看，若平常，收在造办处做材料用"，同日根据袁景劭认看"系花铲沉香假充伽楠香等语，记此，交库"。

清宫品香用香有严格的等级分类制度，除奇楠外，还有莞香（产自东莞金钗埔地区）、女儿香等。

乾隆五十一年（1786）九月二十九日《油木作》记有"沉香狮子一件，沉香花插一件，沉香五块，共重十三两八钱，传旨锯劈香丁"，后来发现"内一块锯开看得身分平常，难以劈做香丁"。同月在《金玉作》可以看到"沉香如意胎一柄，截下一块劈得香丁样，并未批如意胎持进"。后来"将劈得香丁留下，其未批如意胎持出劈做"，最后"劈得香丁重十一两二钱，随下剩渣末重二两八钱"，清宫对于香丁要求甚高，并非寻常沉香、奇楠皆可。

《清秘藏》中记："凡奇（琪）楠、沉水等香，居常以锡盒盛，诸香花蜂蜜养之，则气味尤美。其盒中格置香，花开时杂以诸香花，下格置蜜，上施盖焉。中格必穿数孔，如龙眼大，所以使蜜气上升也。每蜜一斤，用沉香四两，细锉如小赤豆大，和匀用之，则所养之香，百倍市肆中者矣。"

清 陈枚 《月曼清游图》(围炉博古) 故宫博物院藏

除用作香材外，清宫还将大量的沉香、奇楠雕刻成朝珠、念珠、香牌等饰物。雍正十年（1732）三月《玉作》就记有"库贮伽楠香一块，重二斤十一两四钱"，"作上用数珠用"，后来在四月时"镟得伽南香数珠二串"，这些数珠都是给皇帝所用。

乾隆五十一年（1786）正月《油木作》中有收到"伽楠香一段，重七斤三两"，要求"按上用朝珠珠儿大小料估足做几盘"，结果"伽楠香一块，料估得足做朝珠身二盘、十八罗汉珠二盘、念珠二盘并画得朱道"，乾隆皇帝决定"先做朝珠身一盘、十八罗汉珠一盘，其余香交进收贮"，最后记录："将镟得伽楠香朝珠一串，十八罗汉手串一串，并下剩伽楠香一块，重六十七两，随回残重六两五钱，渣木重十八两。"

至于雕刻或镟珠所剩余的残末，也会被利用制成香。雍正六年（1728）正月二十一《杂活作》载："做年例香袋一千二百二十个"，四月"上用黄缎长方香袋"。又或者将香末加上药材制成香泥，再制成香牌或填入金镯。

《清稗类钞》载：阿克当阿收藏有"真奇楠朝珠用碧犀、翡翠为配件者，一挂必三五千金，皆腻软如泥，润不留手，香闻半里以外"。广东首富叶家"饮食起居极豪侈，其家庙之木主，铸金字，以茄楠为质。洎式微，既以金易钱，复斫楠质为牟尼，每一木主得粒十八，遂以成串，次第为之，犹得拯一家数载之饥寒也"。

清 喻兰 《仕女清娱图册》 故宫博物院藏

清 冷枚 《春闺倦读图》 天津博物馆藏

清代实行贡物制度，各行省、蕃部、海外诸国都有对皇家的朝贡。清代对土贡的政策与前朝均不同，不再由地方无偿上贡，而是按价收取，也就是有偿的。据《广东通志》记载，广东布政司上贡的物品中，有沉香、速香、降香（降真香）。其中"广东省额解沉、速香每斤定价银四两，降香每斤定价银四钱"。

据《广西通志》记载："丁香十六斤十两六钱六分零，每斤银六两"，"乳香十六斤十两六钱六分零，每斤银八钱"，"沉香三十斤，每斤银九两"，"片脑二十五斤，每斤银十六两"。雍正十一年（1733）广东总督鄂弥达二月二十八日进单，贡物十五种，其中女儿香九盒、海南沉香一箱、新会香牌一千枚（香饼）。

清代属国还有大量香料进贡，如乾隆二十六年（1761）内务府奏报广储司收藏各国贡物情况："暹罗国进龙涎香一斤八两（用九块），沉香三斤（用三块），白檀香一百五十斤（用九块），降香四百五十斤（用九块）。"《光绪会典》卷三十九载：越南定正贡为"越南正贡，象牙两对，犀角四座，土绸、土纨、土绢、土布各二百匹，沉香六百两，速香一千二百两，砂仁、槟榔各九十斤"。

清代文人对识香、用香的研究也汇集成大量的著作。其中王诉《青烟录》、丁月湖《印香炉式图》、曹雪芹《石头记》中也有大量的用香场景。

《青烟录》中《凡例：青烟散语》云："香犹人也。不可浓，浓则近浊；不可甜，甜则近俗；不可轻，轻则近浮；不可燥，燥则近鄙。澹焉若不知其所来，来之淳温，若有与立；徐徐焉去，而遗味袅于依稀仿佛间也，是谓清韵之选。沁心于静，故知香者可以辨物。"这不但是作者王诉对待香的看法，且是当时一大批文人雅士对待香的态度。

香韵永恒

清朝末年，随着国势的衰退以及西方文化的侵入，士大夫的精神生活趋于粗疏萎顿，香也日渐式微，退出了文人的日常生活。

但中国数千年文明托起的这炉香，并未在风雨飘摇中熄灭，而是在余烬中留下了火种，并于当代文明生活中再次被点燃。

台湾香学宗师刘良佑曾言："我们可以先从浩瀚的典籍中梳理历史，再踏勘香事活动遗址，还可从中药典章中寻找旁支脉络，但最重要的是拿得出传承有序的脉络和今天的人类活动形态。"

所有关于传统、技艺和美学的历史文明的缩影，若得细究深研，都能在方寸间得以映照，在仪式上得以重现，在器物上得以复刻。时光流转，人类的生活方式不断推陈出新，而香的传统和承继在当代的竭力求索之下，得到了永恒的留存，这亦是在匆忙的世界和快速消逝的时间中流传下来的一份执着，是为美。

明 佚名 《十八学士图之琴》 台北故宫博物院藏

二、说石

【上古时期】

琢玉击石

　　中国的赏石文化至少可溯源至上古红山文化，彼时以玉石雕琢动物图腾为美，玉是人们对天地神灵的想象与具现，古人用玉祭祀，佩戴玉饰，并由此形成爱玉、赏玉的风潮。《逸周书》记载了周武王灭商时"得旧宝玉万四千，佩玉亿有八万"。

　　《说文解字》载："玉，石之美者。有五德：润泽以温，仁之方也；䚡理自外，可以知中，义之方也；其声舒扬，専以远闻，智之方也；不桡而折，勇之方也；锐廉而不忮，絜之方也。"

红山文化时期玉猪龙　北京市文物交流中心藏

《礼记·郊特牲》载："殷人尚声，臭味未成，涤荡其声。乐三阕，然后出迎牲。声音之号，所以诏告于天地之间也。"所谓殷人尚声，就是敲击乐器奏成礼乐，以此来"诏告于天地之间"。

　　《尚书·虞书·益稷》载："夔曰：戛击鸣球、搏拊、琴、瑟，以咏。祖考来格，虞宾在位，群后德让。下管鼗（táo）鼓，合止柷敔，笙镛以间。鸟兽跄跄；箫韶九成，凤皇来仪。夔曰：於！予击石拊石，百兽率舞。"其中"戛击鸣球""击石拊石"应为最早的击磬，也就是最早的以磬石为乐器的演奏方式。

　　《尚书正义·禹贡》中记载："泗滨浮磬，淮夷蠙珠暨鱼。泗，水涯。水中见石，可以为磬。"

　　《阚子》记载："宋之愚人得燕石梧台之东，归而藏之，以为大宝。"

　　《山海经》卷五"中山经"载："又北三十五里，曰阴山。多砺石、文石。少水出焉，其中多雕棠，其叶如榆叶而方，其实如赤菽，食之已聋。""又西三十里，曰娄涿之山。无草木，多金玉。瞻水出于其阳，而东流注于洛。陂水出于其阴，而北流注于谷水，其中多茈石、文石。""又东南五十里，曰风伯之山。其上多金玉，其下多痠石、文石，多铁，其木多柳杻檀楮。"

　　"文石"乃有纹路其上之石，而"砺石"乃被风沙侵蚀、磨砺而成之石，"茈石"为紫色之石，"痠石"即似山水盘曲貌之石。

【春秋两汉时期】

仙山石筑

　　春秋战国时百家争鸣，儒家先师孔子有言："知者乐水，仁者乐山；智者动，仁者静；智者乐，仁者寿。"儒家爱山、乐石、喜水的自然审美的思想，也在文人士大夫阶层中广为传播。老庄的"道法自然"，追求返璞归真、清静无为，视与自然和谐相处为大美，这些思想促进了赏石、造园的兴起。

　　秦汉乃至两晋南北朝时期，石多作为材料，用于建设宫殿、陵寝，且使用时需工匠雕琢，以全其形。秦始皇统一六国后，巡狩各地名山大川，崇尚自然山水，更在其建造的"覆压三百余里"的阿房宫中，广植奇木怪石。

　　汉武帝在长安营造方圆近四百里的"上林苑"，开凿泰液池，池中蓬莱、方丈、瀛洲、壶梁等仙山皆为石材假山堆砌而成。

　　《史记·孝武本纪》载："……于是作建章宫，度为千门万户。前殿度高未央。其东则凤阙，高二十余丈。其西则唐中，数十里虎圈。其北治大池，渐台高二十余丈，名曰泰液池，中有蓬莱、方丈、瀛洲、壶梁，象海中神山龟鱼之属。其南有玉堂、璧门、大鸟之属。乃立神明台、井干楼，度五十余丈，辇道相属焉。"

【隋唐时期】

唐"章怀太子墓"壁画中的宫女手捧树石盆景

造园侍读

　　隋至初唐时，一大批文人雅士经由科举考试进入仕途，士大夫阶层除了原有的世家大族，也加入了不少寒门学子。随着文人阶层的逐渐扩大，社会风尚开始被这些文人的审美情趣所引领。

　　中国的文人生活脱胎于儒家君子之礼，他们所追求的理想图景，往往来源于自然山水之间，很多文人在经历过朝堂世事之后，都选择隐居山林。西晋王康琚作有《反招隐诗》云："小隐隐陵薮，大隐隐朝市。"这种对于山林的向往，便更多地化作了宅院中的园林。

　　唐宋时期，不仅皇家园林华清池、芙蓉园等大量使用假山置景，宋徽宗赵佶更是极爱赏石，他举全国之力兴建宫苑"艮岳"，其中大部分奇石就选自灵璧、太湖、英石等。

　　文人雅士在营造园林的同时，也将一些仪态万千、清奇朴拙的小石头搬入书房，配以底座、小几置于案头，于修身治学之间把玩品味，可称之为"文人石"。

　　古人称书房为书斋，"斋"字本义为"斋戒"，有宁心静气、修身养性之意。文人雅士将之视为精神家园，书斋不仅是他们的治学起居之所，更是品茶会客之地、习静参悟之场，是他们追求仕途、读书著文的起点，亦是他们返璞归真、寻求自我的归处。

　　高濂在《遵生八笺》之"起居安乐笺"中有"高子书斋说"一篇，言："高子曰：书斋宜明净，不可太敞。明净可爽心神，宏敞则伤目力。"对于书斋的布置，是经过长时间的实践得出来的最佳选择，无论是房间尺寸还是器物布置，都是为了主人服务的。而其中的石，即文人石，"置一方石，或灵璧、英石、昆山石、燕石、钟乳、玛瑙等"。

唐　阎立本　《职贡图》(局部)　台北故宫博物院藏

　　唐代收藏家、宰相李勉曾藏有"罗浮山石"及"海门山石"。白居易的《太湖石记》载："今丞相奇章公嗜石。石无文无声，无臭无味，与三物不同，而公嗜之"，他"游息之时，与石为伍。"奇章公即牛僧孺，他爱石，原因是"昏旦之交，名状不可。撮要而言，则三山五岳、百洞千壑，䍧缕簇缩，尽在其中。百仞一拳，千里一瞬，坐而得之。此其所以为公适意之用也"。

　　这与后世赏石之意基本一致，小中见大，石中见山，所谓"千里一瞬，坐而得之"。

　　晚唐另一宰相李德裕《平泉山居诫子孙记》中详细记述了平泉山庄的建造过程："又得江南珍木奇石，列于庭际。平生素怀，于此足矣。"《平泉山居草木记》中载奇石多种，可见其爱石、藏石。

　　对赏石的收藏在五代至宋时进入了全盛时期，且在上层社会和文人雅士中非常盛行，从曾几《有山堂》诗"江南家家窗，何处无远岫"中可以窥见一二。

　　宋蔡绦《铁围山丛谈》载："江南李氏后主宝一研山，径长尺逾咫，前耸三十六峰，皆大如手指，左右则引两阜坡陀，而中凿为研。及江南国破，研山因流转数士人家，为米元章所得。后米老之归丹阳也，念将卜宅，久勿就。而苏仲恭学士之弟者，才翁孙也，号称好事。有甘露寺下垃江一古墓，多群木，盖晋、唐人所居。时米老欲得宅，而苏觊得研山。于是王彦昭侍郎兄弟与登北固，共为之和会，苏、米竟相易。米后号海岳庵者是也。研山藏苏氏，未几，索入九禁。时东坡公亦曾作一研山，米老则有二，其一曰芙蓉者，颇崛奇。后上亦自为二研山，咸视江南所宝流亚尔。吾在政和未得罪时，尝预召入万岁洞，至研阁得尽见之。"

【宋元时期】

好石乐山

    宋代赏石文化日趋成熟，除米芾外，苏轼、叶梦得、黄庭坚、欧阳修、陆游、文同、范成大等也留下了一些赏石、评石的文章或专著，他们也相继收藏了一些知名文人石，如陆游的"大柱峰""峨眉石"，赵孟頫的"太秀华"。苏轼曾以《壶中九华诗》记叙所藏的"仇池石""雪浪石"，并将自己在定州的书斋定名为"雪浪斋"。

北宋　米芾　《听瀑图》(传) 美国弗里尔美术馆藏

    此时期最为著名的赏石专著应属杜绾所著《云林石谱》，其自序中言："草堂先生之裔，大丞相祁国公之孙。"他是杜甫的后裔，祖父是祁国公杜衍，姑父是著名的文学家苏舜钦。他生活的时代正是宋仁宗朝的鼎盛时期，社会经济和文化繁荣，而宋徽宗爱石的风尚亦延续自彼时。身处这样的文化氛围中，《云林石谱》便应运而生。孔子四十七代孙孔传为此书作序云："圣人尝曰：仁者乐山。好石乃乐山之意，盖所谓静而寿者，有得于此。"亦是当时文人们对于赏石的一种理念来源。

    宋代李弥逊作《五石》中云："今一旦得是数山，坐四方之胜，岂不幸欤？吾将寓形其间，而与之俯仰上下。不知我之在丘壑，丘壑之在我也。"著名的文人石藏家理查德·罗森布鲁姆曾作《世界中的世界》，他说："中国文化从事物内部寻求乐源，正如西方文化向上天和外部寻求乐源一样。这一思想最有力地体现在那些孔孔相扣的石头里，我称他们'无穷尽的石头'。这些孔的大小与通向不同，给人的感觉是一个有限的物体中不断变化的无限世界。"曹雪芹也有诗云："爱此一拳石，玲珑出自然""不求邀众赏，潇洒做顽仙"。

    《韩诗外传》曰："问者曰：夫仁者，何以乐于山也？曰：夫山者，万民之所瞻仰也，草木生焉，万物植焉，飞鸟集焉，走兽休焉，四方益取与焉。出云道风，嵷乎天地之间。天地以成，国家以宁。此仁者所以乐于山也。《诗》曰：太山岩岩，鲁邦所瞻。乐山之谓也。"

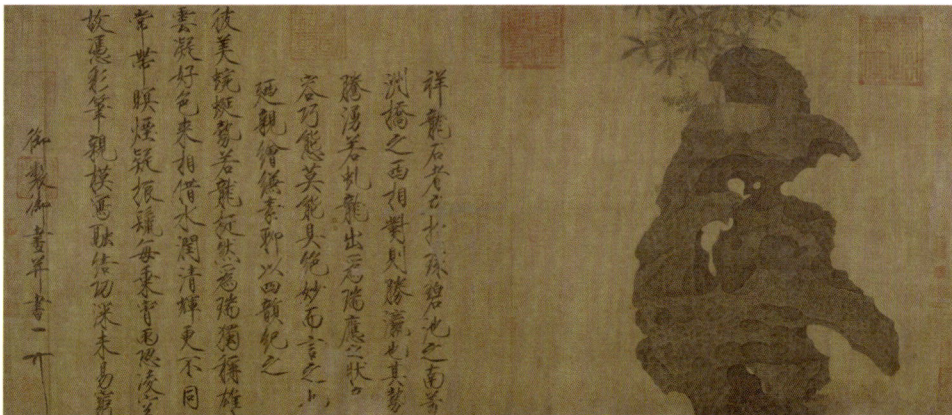

北宋　赵佶　《祥龙石图》故宫博物院藏

【明清时期】

相石四法

关于选石的标准，在宋元时似乎达成了一种共识。

元代孔克齐在《至正直记》卷三"灵璧石"条曰："谚云：'看灵璧石之法有三：曰瘦、曰绉、曰透'，瘦者峰之锐且透也，绉者体有纹也，透者窍达内外也。"所谓"谚"即民间传说。

元末陶宗仪所编《说郛》卷九十六有《渔阳公石谱》一篇，载："元章相石之法有四语焉，曰秀，曰瘦，曰皱，曰透。四者虽不尽石之美，亦庶几云。仍疏平生所见奇石如后。"

明代米万钟有藏石"十面灵璧"一方，请吴彬画为《十面灵璧图卷》，其上有多位收藏大家题跋，其中陈继儒题曰："米相石四法，曰秀，曰绉，曰瘦，曰透。"

明代袁宏道《天目》曰："米南宫所谓秀、瘦、皱、透，大约其体石之变幻奇诡者也。"

明末清初李渔《闲情偶记》曰："言山石之美者，俱在透、漏、瘦三字。"

明 文徵明 《古柏竹石图》 台北故宫博物院藏

清代郑板桥与弟子朱青雷书信中曰："米元章论石，曰瘦、曰绉、曰漏、曰透，可谓尽石之妙矣。东坡又曰'石文而丑'，一丑字则石之千态万状，皆从此出。彼元章但知好之为好，而不知陋劣之中有至好也。东坡胸次，其造化之炉冶乎。燮画此石，丑石也；丑而雄，丑而秀。弟子朱青雷索余画不得，即以是寄之。青雷袖中倘有元章之石，当弃弗顾矣。"

尽管所谓"瘦、漏、透、皱、秀、绉"等具体表述在文献中有所变化，且不论其是否真为米芾所说，"米芾相石法"的实际意义在于，将赏石的品评标准以一种具象化的方式确定了下来，后世也逐渐以"瘦、漏、透、皱"作为赏玩文人石的一种审美取向。

石令人古

　　自然界中的高山太远，庭院之山无法把玩，彼时几乎所有的文人书斋、正堂都有文人石的存在，这种可置于几案之上，大小不一，石质各异，造型千姿百态的石头，或为笔架，或为砚山，或为供石，或在衣袖之中，或佩于衣前。

　　明代赏石文化达到巅峰，林有麟在《素园石谱》自序中云："一编隐几，莞尔不言，一洗人间肉飞丝语境界"，"而石尤近于禅，生公点头，箭机莫逆，而南宫九华，谓可神游其际"。在赏玩文人石之时，林公可以"莞尔不言"，达到人石相融的境界，这正是历朝历代文人们所追求的"天人合一"精神的具现。

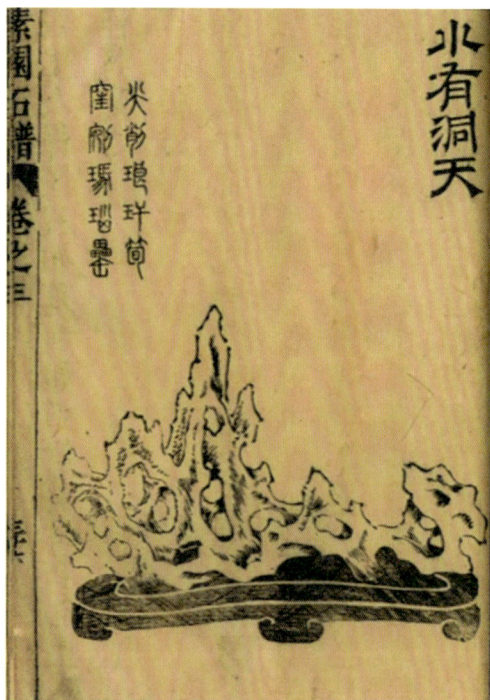

　　"闭门即是深山，读书随处净土。"这句来自明代陈继儒（一说陆绍珩）的《小窗幽记·集灵篇》。一方灵石之所以能登文人雅士之堂，一是能为空间增添闲静、清雅、古趣之意，二是能在几案上观山赏云，衍生山林归隐之心境。

　　明代文震亨的《长物志》中云："石令人古，水令人远。"意与古会，正是文人赏石的核心。这种古，并非时间，也不是盲目追求古风古俗，而是追寻一种思维境界。人们以石为伴，得天地气韵，意达洞天，神游于古，仿佛与那些风流名士在意识中同游。

　　宋代朱熹的"理学"思想，将儒家"格物致知"的理论进行了更广泛的阐释，至明代，这种观念已盛行到整个文人阶层。当这些文人先哲在思考人生哲理，行走山水之间，或静坐书斋之内时，若案头有一方山石，面而观之，可寄思于此，以小见大，亦可助其参悟，脱离时空的束缚。

寄思寓情

明清时期，不少文人爱石、藏石，《素园石谱》中246方石，大多为文人石。这些赏石，或卧或立，或有底座或无，石种丰富、造型各异，但大多遵循米芾所说"瘦、漏、透、皱"之感，可见明清与宋代赏石文化一脉相承。

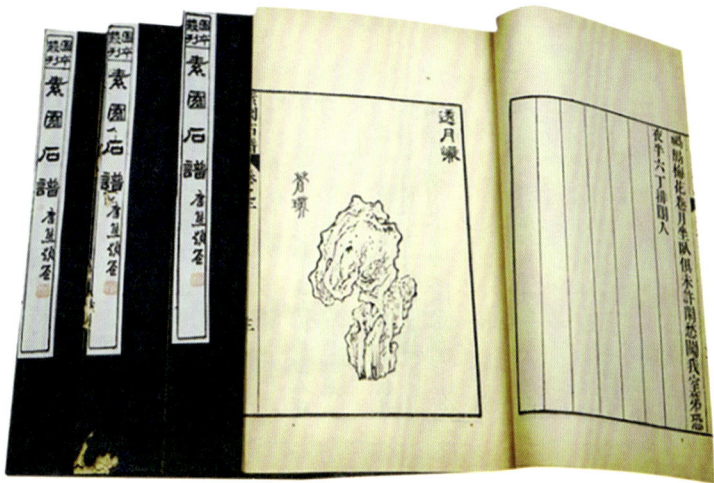

清 林有麟 《素园石谱》

过去有"文石"一说，清代王晫《石友赞》中指的是一种传道石，吞之则"为通儒"。另一种说法是澎湖所产的澎湖文石，是一种碳酸盐矿物。而第三种说法则是指有纹理的石头，《山海经·北山经》载："又东北二百里，曰马成之山，其上多文石，其阴多金玉。"

基于对文人石的喜爱，不少文人也在其画作中表现文人石，或以石为主体，或画人物场景时加入文人石为置景，意在以石表现画者心境或入画者品格，极具特色。

文人石立于案头，或置于盆中成为盆景，或专配以漆木座……无论何种方式，均为全其形意。若无座，仅置于一小几之上，再置几案之上，则称为"供石"，这取自苏轼诗文中"赖有铜盆修石供，仇池玉色自璁珑"。所谓"供"，意有两层，一为布置陈设，二为供养。陈设是为了书斋空间，供养则为己身与文心。

文人石之于文人，不但是案头雅玩，心中所爱，亦是寄思寓情之物。所选石种不限于灵璧、太湖、英石、昆石等。明代高濂《遵生八笺》中载："砚山始自米南宫，以南唐宝石为之"，"大率砚山之石，以灵璧、应（英）石为佳"，"又若燕中西山黑石，状俨应（英）石，而崒岉巉岩，纹片皱裂过之，可作砚山者为多"。因此，凡文人石，遵从其审美取向者，形态古丑皆可。

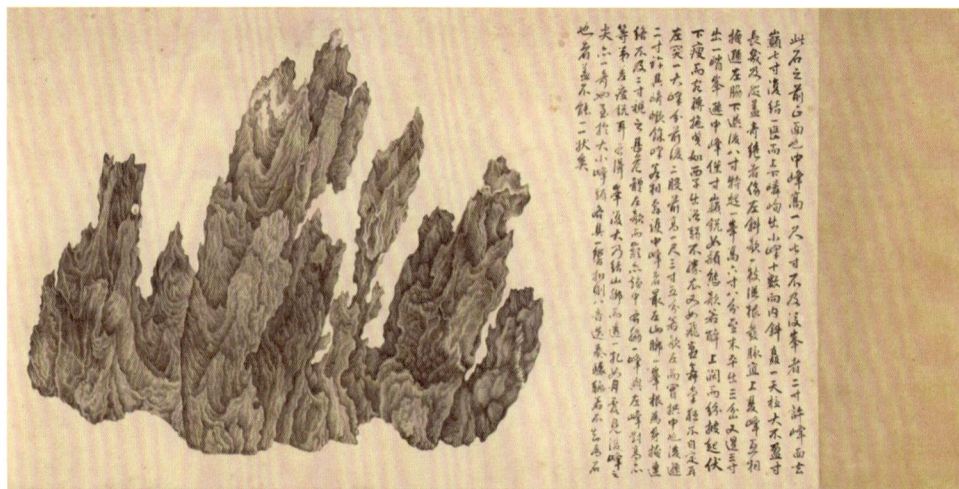

明 吴彬 《十面灵璧图卷》（局部） 北京保利十五周年庆典拍卖会古代书画夜场

文人石相伴文人，并且也在文人间相互流传。他们赏石、藏石、赞石、用石，将这种自然生成的、未经人工雕琢的天然之物与文人的精神世界连通，由此产生了更多的人文意义。

石作为文人的一种观赏对象，首先是具有艺术性的审美客体。石质的软硬、粗细，体现了审美取向上的细腻或粗糙；其纹理、造型，则能使人产生或象形，或神韵的联想。在光影的变化之间，石的外表给人带来了感官愉悦和审美享受，再融入人的联想、想象和情感，从而折射出更为丰富的人文内涵和美学韵味。

石乃天成，当石与人连接，石便染上了人赋予它的精神与情感，成为具有审美属性的天然艺术品。在赏石的过程中，为其设计、制作底座，则又一次增加了它的审美价值。底座并非要改变石的状态，而是要尽量以自然、和谐的方式，将石衬托，补充其功能，使它的美得到更好的呈现。

砚山 北京匡时2017拍卖会

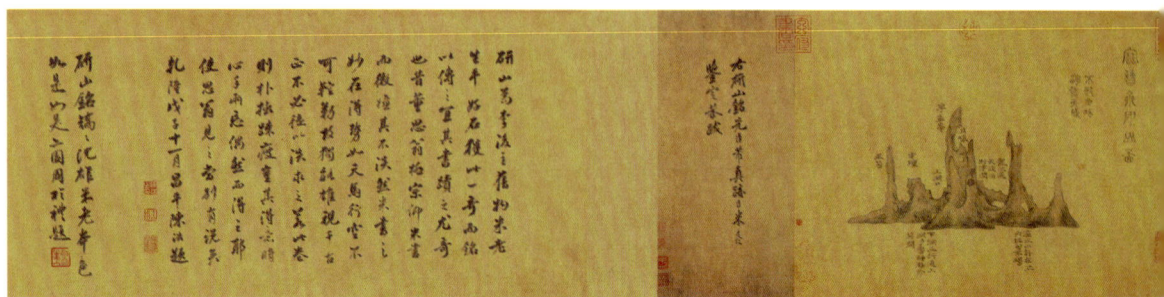

北宋 米芾 《研山铭》 故宫博物院藏

炉石之品

今之炉石，取文人石之审美取向，结合用香，于居室之中更添雅趣，造出层峦叠嶂的意象，动静相合，令人的精气神脱离当下的时空束缚，神游于千里物外。

炉石动静皆美，石的材质、形状、色彩、纹路、光泽感等自然形态构造出静态美，香云则呈现了动态美，两者需配合得恰到好处，再加上相宜的底座，才算达成炉石之品的三位一体。

因此，石质、石形、用香、底座的设计制作都很重要，缺一不可。

其一，石质的好坏决定了观赏价值，但石质的粗细并不能决定炉石之品的高低贵贱，而应从其形态、意象等审美角度来看。如灵璧石、太湖水石、湘西紫玲珑、戈壁风凌石等表面光滑细腻的石质，其上或有细密润泽的纹路，呈现出一种秀丽柔和之感；相反，如英石等表面粗糙，颜色偏灰白的，则有一种粗犷苍茫的特点。石形可称之为炉石的轮廓，其所成乃是自然环境所决定，压力、气温、湿度、温差、时间、水流等不同，使之产生了不同的外形；其颜色亦会因石质侵蚀而各异；其上的纹路如沟壑、溪流、云气等亦为其增加独特的韵味。

炉石外在的形式美浑然天成，往往能得到大多数人的青睐，前有"瘦、漏、透、皱"等古人的赏石取向，亦有象形、意境等符合今人的审美取向，此项无有高低，因人而异，但又有大众审美的基本标准存在。

其二，本书所呈现的炉石十六品，各有相应的审美偏向，用香时亦取适宜之香，将对炉石的视觉审美与对香的嗅觉审美结合起来，相辅相成。

其三，底座有二用，其一是承托，其二是焚香。承托炉石，需和谐统一，气质相符；焚香其中，既要符合科学，使香云出没得更加顺畅，亦要考虑用方便，所以底座的设计尤为考究。

石不能言最可人，炉石之美，在于创作者与欣赏者的用心和感知。

自汉代以降，人们认为自然的变迁足以感召人性，所以有"借山水以化其郁结"，与物相融而表达情感。

因此，品赏炉石，并不表现为繁复的想象，而是简洁的联想和体会，是感物、咏怀，是神与物游，亦是神用象通、情以物迁……本书将由言入形，由形入意，取法文人诗书之笔构，意象简括，文史互参，于香韵流转之间，在浩瀚的史籍和微茫的物象之中，"周人情物理之变"，赋予炉石更多灵性。

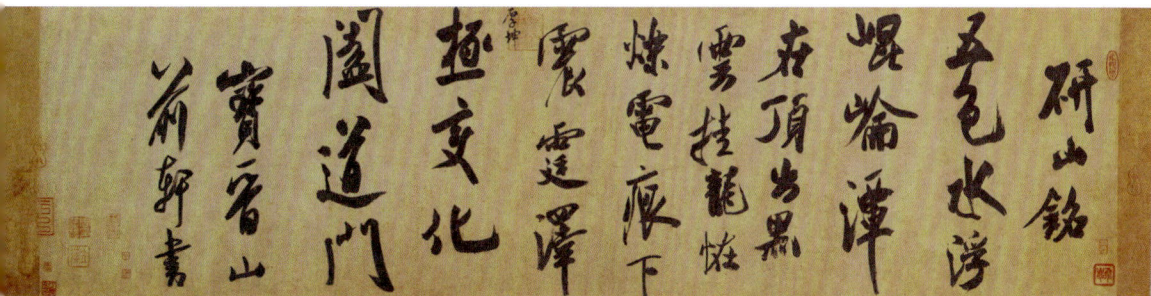

貳

炉石十六品

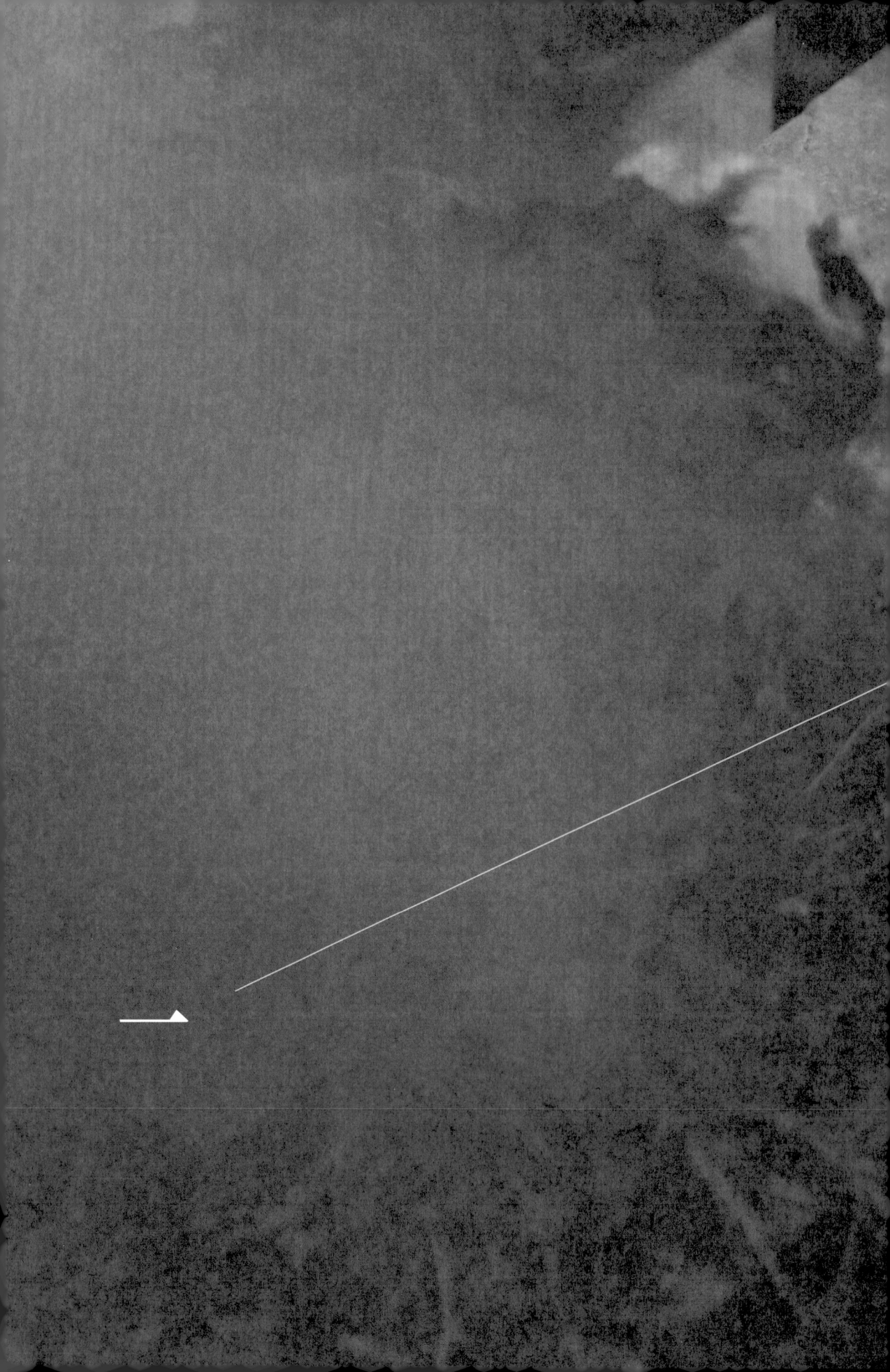

【稽古·丹山过云】

古人赏石，一如赋诗作画，既描形写意，亦吟咏性情。

石在案头，却是名山大岳的象征，胸中千丘万壑，俱往无极之心；云在天外，却由此处一点香丝所牵，渺渺荡荡之间，获得天高地迥的无限延伸。

炉石十六品之稽古，以古人"无心"之念，寓今人"无限"之思，云过丹山，横无涯际，可至"太华夜碧，人闻清钟"的胜境。

诗心

研山铭
宋·米芾

五色水，浮昆仑。

潭在顶，出黑云。

挂龙怪，烁电痕。

下震霆，泽厚坤。

极变化，阖道门。

宝晋山前轩书。

稽古者，考察古事者也。

此品炉石特指清代及以前，传承有序，或有图文形象传世的古代遗石，如米芾之海岳庵研山、宝晋斋研山，苏轼之"小有洞天"，米万钟之"十面灵璧"，等等，皆为遗古之品。若今日有石，形似古石，状由天成，且符合炉石功能，皆可入此品。

人不能与时逐"古"、与天比"高"，却可通过精神的提升，体悟高古之意。炉石遗古，既蕴含深沉阔大的深刻意识，又是世代文人对生命本相的体悟。

以此品炉石为载体，精神或可跨越时空，得以"泛彼浩劫""脱然畦封"，与李煜、米芾神交，与苏轼、米万钟共感，达到"黄唐"这一中国人想象中的时间起点，直抵"太华"这一空间上最渺远的世界，获得性灵自由。

宝晋斋研山

谈起中国历史上最知名的赏石，一定绕不开这方"宝晋斋研山"，此石为南唐砚务官李少微所取，后献于当时的南唐后主李煜。米芾以自己的书房名为之命名曰"宝晋斋研山"，后被宋徽宗赵佶索入宫内。

有幸能拥有此石者，皆为史上名流，如台州名门戴觉民，元代时又在太乙崇福宫张真人案上。明清两代又经许国、朱国祚、朱彝尊、徐乾学、李宗颢，后不知所终。但在蔡絛《铁围山丛谈》、米芾《宝晋斋研山图》、周密《云烟过眼录》、揭傒斯《砚山诗》、赵孟頫《赋张秋泉真人所藏研山》、陶宗仪《南村辍耕录》中的《宝晋斋研山图》、林有麟《素园石谱》中《宝晋斋研山图》、翁方纲与罗聘等《合作研山图》、《宝晋斋研山考》等古籍中皆能找到此一方研山的身影。

米芾《宝晋斋研山铭》图卷，现藏于故宫博物院，又有元代陶宗仪《南村辍耕录》卷六中研山图，及后明代林有麟作《素园石谱》中"宝晋斋研丛"一图。三图中的研山基本一致，为六峰。而此石是否尚存于世，暂且无人知晓，但我们仍希望它能像那块灵璧锁云一般，终有一日，重现于世。

历朝历代以来，世人皆爱前朝遗物，或上古之物，或仰慕古人事迹，欣赏古人书画，称为怀古。

为何怀古？人类终生都在尝试解答三个哲学问题："我是谁？我从何处来？我又要往何处去？"古物自有来处，它们所挟带的那份时间的印痕，亦为我们昭示着归处。

千古元气，钟于一石。人们通过遗古之石眺望先贤，品读先贤，甚至与之对话。有此一方炉石为伴，当不为无限掳去，获得对古淡天真的生命真性的复归。

南宋 马世荣 《碧桃倚石图页》(局部) 故宫博物院藏

石质

灵璧奇巧

　　宝晋斋研山（六峰）的石质据考证为灵璧石，灵璧石有山形，但如宝晋斋研山六峰者少。另一方海岳庵砚石（三十六峰）则未能明确石种，已于时间长河中遗失，但其传说仍在。这两块研山均为米芾所得，而他用海岳庵研山和学士苏仲恭的弟弟苏仲容换取了一座甘露寺附近的古宅。奇石之贵，可换家宅。这笔交易还被多次记述，引为佳话。

　　高濂《遵生八笺》中"研山"条附图题记曰："山色淡青，峰峦四起，遂有二层。中一水池，大若小钱，深可半寸，为天生成，旁一小池，高二寸八分，长六寸，厚十二寸许，下有'元章'二字。"加上张丑"淡汁绿烘锁"的描述，其石质石色应为灵璧石，而彼时的灵璧正在南唐管辖范围内。

　　上古时，灵璧石主要用来制作乐器，而后逐渐成为文人雅玩。灵璧石为磬至少有三千多年的历史，1950年在河南安阳殷墟出土的商代"虎纹石磬"即为灵璧石质，现藏于中国国家博物馆，长84厘米，宽42厘米，厚2.5厘米，因刻有虎纹装饰而得名。

　　赏灵璧石，曰"三奇五怪"。奇者"声、色、质"，怪者"瘦、漏、透、皱、丑"。其中"瘦、漏、透、皱"本是"石癫"米芾"相石法"中赏太湖石之法，《云林石谱》中称灵璧石"或成峰峦，巉岩透空，其状妙有宛转之势"，"嵌空具美"，其审美特征与太湖石是有相似之处的。而"丑"本意为质朴、自然，并非丑陋，丑是天工雕琢、返璞归真的美学观念，这种自然之美正是赏石文化中的最高品位。

《尚书正义·禹贡》中记载："泗滨浮磬，淮夷蠙珠暨鱼。泗，水涯。水中见石，可以为磬。"

《后周书》："琳母尝祓禊泗滨，遇见一石，光彩朗润，遂持以归。是夜梦见一人，衣冠有若仙者，谓曰：夫人向所将来之石，是浮磬之精，若能保持，必生令子。其母惊寤，便举体流汗，俄而有娠。及生子，因名琳，字季珉也。"

《云林石谱》："宿州灵璧县，地名磬石山，石产土中，采取岁久，穴深数丈。其质为赤泥渍满。""土人多以铁刃遍刮凡三两次，既露石色，即以黄蓓帚或竹帚兼磁末刷治清润。扣之铿然有声。石底多有渍土不能尽去者，度其顿放，即为向背。石在土中，随其大小，具体而生，或成物状，或成峰峦，巉岩透空，其状妙有宛转之势。亦有窒塞及质偏朴，若欲成云气日月佛像，及状四时之景，须藉斧凿修治磨砻，以全其美。大抵只一两面或三面，若四面全者，百无一二。或有得四面者，多是石蜡、石尖。择其奇巧处镌取，治其底。"此为灵璧石。

《文房器具笺》："有旧玉者股三寸，长尺余，古之遍磬也。有灵璧石色黑性坚者妙，悬之斋中，客有谈及人间事，击之以待清耳。"当时的灵璧石除了是观赏石之外，也会被制成乐器，以金石之声愉悦主家。

《宋史》中记载，乾德四年（966）和岘议令采泗滨石为编磬。景祐（1034—1038）中采泗滨浮石千余以为垂磬。皇祐三年（1051）诏徐、宿、泗、江、郑、淮、扬七州军采磬石。

宋徽宗尤爱灵璧石，《宣和别记》曰："大内有灵璧石一座，长二尺许，色青润，声亦泠然，背有黄沙纹。一带峰峦皆隽。下填金刻字云'宣和元年三月朔日御制'御书其下押一字。"

而宋徽宗所藏的另一方灵璧石"灵璧小峰"，又出现在《志雅堂杂钞》和《西湖游览志余》的记载中。虽然两书分别出于南宋周密及明代田汝成，但两人所记述的石头从尺寸、纹理、造型来看，应是同一块，亦为徽宗爱物。

《志雅堂杂钞》记载："大衍库即广济库；出售杂物时有'灵璧小峰'，长仅五六寸，高半之。玲珑秀润，所谓胡桃皮、沙坡、水道皆有之。山峰之半有圆白小月，莹然如玉。徽宗御书八小字刻于峰旁云：'山高月小，水落石出。'略无刻琢之痕，真神物也。"

《西湖游览志余》记载："杭省广济库出售官物，有'灵璧小峰'，长仅六寸，高半之，玲珑秀润，卧沙、水道、裙褶、胡桃文皆具，于山峰之顶，有白石笔山，圆莹如玉。徽宗御题八小字于石背曰：'山高月小，水落石出。'略无雕琢之迹。"

明代文震亨著《长物志》载："出凤阳府宿州灵璧县，在深山沙土中，掘之乃见。有细白纹如玉，不起岩岫。佳者如卧牛、蟠螭，种种异状，真奇品也。"

康熙年间《灵璧县志》曰："山石已空，奇石难得""而远近求取无已"，所以"以顽石凿为山云鸟兽之状"。当时人们并没有像现在这样扩展灵璧石的产能，导致原产地灵璧县渔沟镇的灵璧石供不应求。

以灵璧石为炉石，更看重它的形与质，质密则性坚。如米芾展示于杨公的那一方，"其状嵌空玲珑，峰峦洞穴皆具，色极清润"，是为上品。若有孔洞自底部而透，再以座子盛放，香燃于座子，烟云从孔洞透出，环绕于峰峦之中，行走于沟壑之内，自有烟云缥缈之感。灵璧石多沟壑、山谷、山涧，而玲珑孔洞难得，虚中有实，实中有虚，所谓仙山福地，不过如此。

终日烟云笼罩，自有香脂沉积，灵璧石色黑，香脂柔亮，相辅相成乃呈岁月之感。古人对灵璧石的喜爱，亦有多首诗词流传至今。

灵璧石
宋·刘才邵
坚脆殊形俱是幻，要当尽付空花观。
其余空色两非真，习气从他不须断。
灵璧磬材如黑玉，岁久取多岸为谷。
问君何从得坚质，数尺嵚嵚心赏足。
新诗俊如霜鹘拳，揽取物象神机圆。
援毫一挥不停手，岩壑意态何森然。
如闻驶舟行日近，不得随舟无少恨。
夜敲清响哦新诗，定有水仙帘外听。

和人假山
宋·苏轼
上党搉天碧玉环，绝河千里抱商颜。
试观烟雨三峰外，都在灵仙一掌间。
造物何如童子戏，写真聊发使君闲。
何当挈取征西去，画作围床六曲山。

吴甥遗灵璧石以诗还之
宋·曾几
闲居百封书，总为一片石。窗中列远岫，所欠者灵璧。
吴甥手持来，知向何许得。铿锵发金声，温润见玉色。
诸峰扫空翠，一水界山白。嵯岩出其间，如月挂虚碧。
坐令所珍藏，不作一钱直。吾虽甚爱之，子亦有此癖。
归与雪溪旁，从汝旧知识。欲去复迟迟，摩挲遂移刻。

安之

稽古之品用香，亦要有高古之意。《后汉书·孝灵帝纪》载："建宁四年三月，大疫。"遂令医官和合诸药，制辟疫熏香以护皇帝御体安康。此香方录于《陈氏香谱》，香方如下：

黄熟香四斤，白附子二斤，丁香皮五两，

藿香叶四两，零陵香四两，檀香四两，

白芷四两，茅香二斤，茴香二斤，

甘松半斤，乳香一两（别器研），生结香四两，

枣子半斤（干焙），一方入苏合油一钱，

右为细末炼蜜和匀，窖月余做丸。

《香乘》卷十四法和众妙香中亦有此香方录入，内容大致相同。

原方为香丸方，为便于炉石使用，合以线香，定名"安之"，取"安之若素，知白守黑"之意。

其中的香料茅香，是中国上古时期最早使用的香料之一。

《春秋穀梁传注疏》中说："菁茅，香草，所以缩酒，楚之职贡。"另《管子》曰："江淮之间，有一茅而三脊，毋至其本，名之曰菁茅。"

此菁茅即茅香，在楚地多有生长，因此也成为楚国向周王室进贡的贡品之一。

《左传·僖公四年》记载："尔贡包茅不入，王祭不共，无以缩酒，寡人是征。"此包茅也即茅香。这件事发生在公元前656年，当时齐国征讨楚国所用的理由是楚国不向周天子进贡包茅，导致天子无法进行祭祀，所以要征讨楚国。虽然只是齐国起刀兵的一个理由，但也确实证明了包茅这种香料在当时祭祀仪式中的重要性。

长沙马王堆汉墓中也出土了茅香，且为熏香。其中香囊、药袋中发现的茅香主要有沐浴熏蒸等用途，而熏炉中发现的茅香则是燃烧后的茅香炭，经过鉴定，确为茅香。

《香乘》卷四录《本草》曰："茅香花苗叶可煮作浴汤，辟邪气，令人身香。生剑南道诸州，其茎叶黑褐色，花白，即非白茅香也，根如茅，但明洁而长，用同藁本，尤佳。仍入印香中合香附子用。"在《香乘》中，茅香被用于几十个香方之中。

《本草图经》"茅香"条载："茅香花，生剑南道诸州，今陕西、河东、京东州郡亦有之。三月生苗，似大麦；五月开白花，亦有黄花者；或有结实者，亦有无实者。并正月、二月采根；五月采花，八月采苗。其茎叶黑褐色而花白者，名曰茅香也。"

【抱月・蟾宮仙境】

青蟾俯卧，吞吐皎月，云气袅袅之间，似有宝盖瑶台，琅嬛而生。

"今人不见古时月，今月曾经照古人。"炉石十六品之抱月，是古人对月寓怀的抒情，亦是今人焚香邀月的遥望，将它置于案头，无论夤夜朝暾，皆有明月入怀，蟾宫仙境在侧。

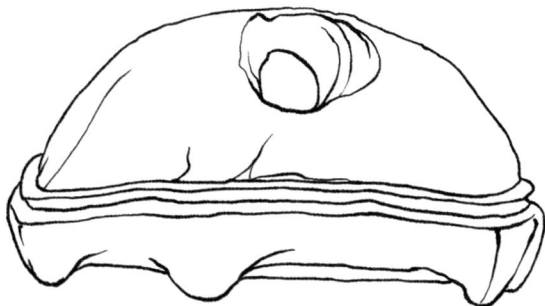

诗心

八月十五夜月二首·其一
唐·杜甫

满月飞明镜，归心折大刀。

转蓬行地远，攀桂仰天高。

水路疑霜雪，林栖见羽毛。

此时瞻白兔，直欲数秋毫。

《文心雕龙》有云："目既往还，心亦吐纳。"

此一品炉石"抱月"，便是于明月的静观寂照中，求返于自我深心的慧悟，并由此体会宇宙星辰的生命意蕴。其形似山，而石上又有似月之横向贯通孔洞，大而观之，有明月当空之意境。月亦有圆月、新月、残月之属，烟似云起，临月而行，蔚为壮观。

月，是中国人的浪漫，它漫溢超象虚灵的诗情，又蕴含浩森绸缪的气韵。

古有"沧海月明珠有泪"的忧伤，也有"对影成三人"的洒脱，更有"空山梵呗静，水月影俱沉"的我心宁静。

圆月，是天道轮转，家国团圆的象征，新月则拨动着"阴晴圆缺、悲欢离合"的心弦。无论何时，人们抬头观月，胸中总是自然涌出无限情愫。

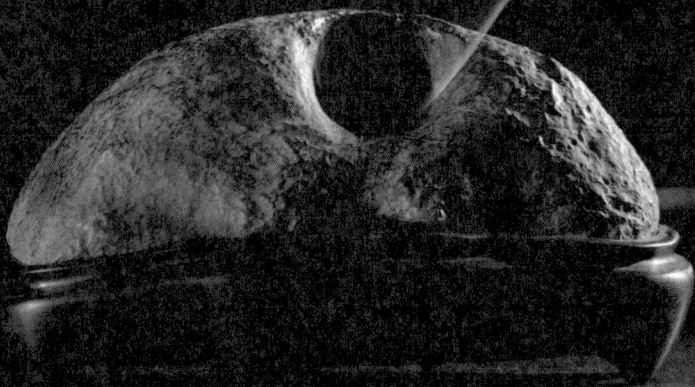

一方"抱月"炉石，立于案头，引疏云皎辉入室，颇有米元章之古意。

米芾字元章，北宋时书法家，与蔡襄、苏轼、黄庭坚合称"宋四家"。米芾一生爱石，被称为"石痴"，留下许多与石相关的传说故事。他著成《砚史》，并有"米芾相石法"流传千年，虽无史料记载这相石四法是否为米芾所创，但根据米芾嗜石如痴、藏石甚丰的状态，以米芾之名托古也实属正常。明代林有麟也称："此老颠书纵横千古，或从此中悟入。"

米芾曾有一幅《拜石图》，描绘的便是他跪拜奇石的故事，此图几经流转已无处可寻。但后世所作"米芾拜石"的题材屡见不鲜，吴伟、陈洪绶、闵贞、任伯年、黄山寿、张大千等书画大家都绘有《拜石图》。

米芾爱石，终日醉心赏石，以致荒废公务，数次被同僚弹劾而被贬斥，但仍嗜石如故。米芾时任无为州监军，初上任，便得见其衙署内立有一石，顿时满眼喜色，并曰："此足以当吾拜。"命左右为他着官衣官帽，并手握笏板跪倒叩拜之，并尊此石为"石丈"。

《宋稗类钞》还载有一事，米芾为易得灵璧之石，至涟水为官，每收一方灵石，便赋诗一首，终日坐于书房，不是在画石，就是在赏石。上司杨杰为察史，和米芾也是好友，于是上门规劝他。米芾并不答话，而是"径前以手于左袖中取一石，其状嵌空玲珑，峰峦洞穴皆具，色极清润"，并问："如此石安得不爱？"未待杨杰回应，又从另一只袖子里拿出一石，"叠嶂层峦，奇巧更胜"，杨杰未语，米芾又取一方"尽天划神镂之巧"之石，再问杨杰："如此石安得不爱？"杨杰直接将此石抢了就跑，只留一句："非独公爱，吾亦爱也。"

米芾一生官阶不高，但于书画、诗词、收藏上，却是一等一的大家。他用自己一生中的大部分时间和精力来玩石赏砚、钻研书画，在别人的眼里或许是痴是癫，但正是这种不入凡俗的狂放与洒脱，才造就了他流芳青史的美名。

他曾作诗一首："柴几延毛子，明窗馆墨卿。功名皆一戏，未觉负平生。"即为其一生写照。也难怪《宋史·文苑传》载："芾特妙于翰墨，沉着飞翥，得王献之笔意。"

明 施余泽 《拜石图》 台北故宫博物院藏

太湖逸趣

炉石抱月，石质为太湖石。据《云林石谱》《太湖石志》《太湖石记》所载，太湖石最早出处均为太湖区域，以其成因可分为水石、旱石、水冲石。

作为中国四大名石之一，太湖石在中国传统赏石中独树一帜，既有立于庭院中之大型景观石，亦有置于几案的小型赏石，可大可小，皆有逸趣。

《素园石谱》中载有246方石，其中亦有大量太湖石。

明代文震亨著《长物志》载："石在水中者为贵，岁久为波涛冲击，皆成空石，面面玲珑。在山上者名旱石，枯而不润，赝作弹窝，若历年岁久，斧痕已尽，亦为雅观。吴中所尚假山皆用此石。又有小石久沉湖中，渔人网得之，与灵璧、英石亦颇相类，第声不清响。"

唐代吴融《太湖石歌》曰："洞庭山下湖波碧，波中万古生幽石。"此为水石。而旱石则是4亿年前形成的石灰石在酸性红壤的历久侵蚀下形成，并未经过水流冲击。

狭义太湖石者，产于太湖地区，中有孔洞，蜿蜒怪势，形状各异，姿态万千，通灵剔透。

广义而言，把各地产的由岩溶作用形成的千姿百态、玲珑剔透的碳酸盐岩统称为类太湖石。明代计成《园冶》载："苏州府所属洞庭山，石产水涯，惟消夏湾者为最。性坚而润，有嵌空、穿眼、宛转、险怪势。一种色白，一种色青而黑，一种微黑青。其质文理纵横，笼络起隐，于石面遍多土幻坎，盖因风浪中充（冲）激而成，谓之'弹子窝'，扣之微有声。采人携锤錾入深水中，度奇巧取凿，贯以巨索，浮大舟，架而出之。此石以高大为贵，惟宜植立轩堂前，或点乔松奇卉下，装治假山，罗列园林广榭中，颇多伟观也。自古至今，采之已久，今尚鲜矣。"

白居易有《太湖石记》曰："石有族聚，太湖为甲，罗浮、天竺之徒次焉。"在他的笔下，唐代宰相牛僧孺独爱太湖石，并"待之如宾友，视之如贤哲，重之如宝玉，爱之如儿孙"，而他的那些石头"有盘拗秀出如灵丘鲜云者，有端俨挺立如真官神人者，有缜润削成如珪瓒者，有廉棱锐别如剑戟者。又有如虬如凤，若跧若动，将翔将踊，如鬼如兽，若行若骤，将攫将斗者。风烈雨晦之夕，洞穴开颡，若欲云歊雷，嶷嶷然有可望而畏之者"。

当"烟霏景丽之旦"，"岩墁霭，若拂岚扑黛，霭霭然有可狎而玩之者。昏旦之交，名状不可。撮要而言，则三山五岳、百洞千壑，觑缕簇缩，尽其中"。正所谓"百仞一拳，千里一瞬，坐而得之"。

明清时期水生太湖已很少见，存者多为两宋传承石。因此在水石、旱石和再加工石之外，全国其他地方所产的类太湖石也被列入太湖石大类之中。

《云林石谱》云："平江府太湖石产洞庭水中，性坚而润，有嵌空穿眼，宛转险怪势。一种色白，一种色青而黑，一种微青。其质纹理纵横，笼络隐起，于石面遍多坳坎，盖因风浪冲激而成，谓之'弹子窝'……此石最高有三五丈，低不逾十数尺，间有尺余。唯宜植立轩槛，装治假山，或罗列园林广树中，颇多伟观，鲜有小巧者可置几案间者。"

范成大也有《太湖石志》曰："石出西洞庭，多因波涛激啮而为嵌空。"《明一统志》曰："苏州府洞庭山在府城西一百三十里中，出太湖石。以水中生为贵，形嵌空，性温润，扣之锵然。在山上者枯而不润。"

赵孟頫有《太湖石赞》曰："猗拳石，来震泽。莽荡荡，太古色。玄云兴，黝如墨。冒八荒，雨万物。卷之怀，不盈尺。"此篇是赵孟頫与友人相聚饮酒、赏石之时所作。这一方石，黝如墨色，大小不盈尺，必是置于几案之物，正是应了《云林石谱》中"鲜有小巧者可置几案间者"。

以太湖石为炉石者，多选精妙小巧之形，可置于案几之上。因太湖石形状繁多，其炉体选用亦各色各样，有诸多变化。

太湖石本就多孔，其中峰峦叠起、洞谷幽深、玲珑别透，更有曲折迂回使得烟云更易游走弥漫。烟云缠绕，又与太湖石肌理融合，似纱似雾，别有一番风味。唐宋以来，亦有文人雅士将香与太湖石结合，共观共赏，是为炉石之前世。

明 陈洪绶 《杂画图册·玉堂柱石图页》 故宫博物院藏

太湖诗·太湖石

唐·皮日休

兹山有石岸，抵浪如受屠。雪阵千万战，薛岩高下刳。

乃是天诡怪，信非人功夫。白丁一云取，难甚网珊瑚。

厥状复若何，鬼工不可图。或拳若虺蝎，或蹲如虎貙。

连络若钩锁，重叠如莩跗。或若巨人骼，或如太帝符。

脽肛笕笃笋，格磔琅玕株。断处露海眼，移来和沙须。

求之烦毫倪，载之劳舳舻。通侯一以眄，贵却骊龙珠。

厚赐以瞟睨，远去穷京都。五侯土山下，要尔添岩峿。

赏玩若称意，爵禄行斯须。苟有王佐士，崛起于太湖。

试问欲西笑，得如兹石无。

何德器赠太湖石

宋·曾几

爱山已成痴，爱石又成癖。徒闻有丝溪，时复梦灵璧。

太湖只在眼，曾未收寸碧。多自五岭来，仍烦百书索。

何侯小峥嵘，湖水深处得。苍润波涛馀，巉岩鬼神力。

摩挲复湔洗，攘取畏宾客。偶然及幽事，遣送初不惜。

俄顷交定盟，欢焉慰岑寂。夺君书几间，坐我洞庭侧。

持还岂人情，藏去有惭色。苦乏仇池篇，如何满高直。

题自画石

清·曹雪芹

爱此一拳石，玲珑出自然。

溯源应太古，堕世又何年？

有志归完璞，无才去补天。

不求邀众赏，潇洒做顽仙。

明 陈洪绶 《童子礼佛图》 故宫博物院藏

香
韵

碧纱秋月

　　名士徐铉，北宋文学家、书法家，初任南唐翰林学士，官至礼部尚书，后随李煜归宋。徐铉爱香，亦是制香高手。他常于月明之时焚亲制之香，并以明月、香云为伴，静心治学，此香便得名"伴月香"（录于《遵生八笺》）。

　　清代词人纳兰性德有《点绛唇·咏风兰》一首曰："别样幽芬，更无浓艳催开处。"月下品兰，其意更雅，而文人讲究的修身立德与兰花的高洁质朴不谋而合，故而文人对兰花又有特别感受。

　　在《香乘》中有不少关于"兰花"的香方，以"笑兰""肖兰""兰蕊"等为名。为和炉石"抱月"之品，呈徐铉"伴月香"之雅韵，参考"兰远香补""笑兰香洪"，以芽庄沉香、海南黄熟香、印度白檀为基，辅以甘松、玄参、黄连、丁香皮，以梅花脑增其凉意，以甲香、龙涎香定其香韵，以榆树皮为黏和之，窨三月香成，名为"碧纱秋月"。此名出自宋代名相晏殊词《撼庭秋》。

　　　　　　　　别来音信千里。恨此情难寄。
　　　　　　　　碧纱秋月，梧桐夜雨，几回无寐。
　　　　　　　　楼高目断，天遥云黯，只堪憔悴。
　　　　　　　　念兰堂红烛，心长焰短，向人垂泪。

兰远香补

　　沉香一两，速香一两，黄连一两，甘松一两，

　　丁香皮五钱，紫胜香五钱，

　　右为细末，以苏合油和作饼子，爇之。

笑兰香洪

　　白檀香一两，丁香一两，栈香一两，甘松五钱，

　　黄熟香二两，玄参一两，麝香一钱，

　　右除麝香另研外，令六味同捣为末，炼蜜搜拌为膏，爇窨如常法。

和香

和香，是通过精心调配各种香材香料，按照一定比例混合，进而制作出香的一种方式。日本香道称合香。中华用香，从燎祭始，后用和香，《香乘》中收录古代香方437种，使用了超过400种香材香料进行调配和合。洪刍《香谱》、陈敬《陈氏香谱》中亦多为和香方。

晋葛洪著《肘后救卒方》卷之六"六味熏衣香方"，此香方距今约1600年，为迄今所知有据可查的我国存世最早的熏衣合香方。

五代时范晔著《和香方》，其书虽已佚失，但其序被《香乘》等书收录，亦可见其合香之基本逻辑。《和香方·序》曰："麝本多忌，过分必害。沉实易和，盈斤无伤。零、藿虚燥，詹唐粘湿。甘松、苏合、安息、郁金、奈多、和罗之属，并被珍于外国，无取于中土。又，枣膏昏钝，甲煎浅俗，非唯无助于馨烈，乃当弥增于尤疾也。"

在合香时，对于所选香料的了解、认识要足够，不但要考虑其味，还要考虑其功效。对香材的选择也要尽量选用地道香材，方能有较好的合香制出。

香与药

香虽出于药，但香药使用和医药使用仍有很大差别。香料如玄参等，入药时不需炮制，但在合香时却需要进行炮制方可有更好的体验，玄参制法主要是微炒，通过这种方式使玄参中的酸度上升，苦、甜减弱。

明代董说《非烟香法》中"非烟香记"篇曰："以一香变千万香，以千万香摄一香，如卦爻可变而为六十四卦，三百八十四爻，此天下之至变，易也。"

合香组方时，不但要考虑香料和合的味道配比，还要考虑其药性，从而对人起到调节身心、静心凝神等诸多作用。

《苏悉地羯罗经》卷上"涂香药品第九"载："用诸草香、根汁、香花等三物，和为涂香，佛部供养。""和合香时，不应用于依有情香，谓甲香、麝香、紫钐等类，及以酒酢，或过分香。"

"分别烧香品第十"亦载："胶香为上，坚木香为中，余花叶根等为下。苏合、沉水、郁金等香和，为第一香，加以白檀，复置砂糖，为第二香，又加安悉及以薰陆，为第三香。如是三种和香，随用其一，遍通诸事。地居天等及卫护应用萨折啰娑、砂糖、诃梨勒以和为香，供养彼等。"

合香可制浴香、香粉、香丸、香饼，自元代起又有线香、盘香等，后世用香多用合香，而单品亦有，尤以沉香单品最为清雅。

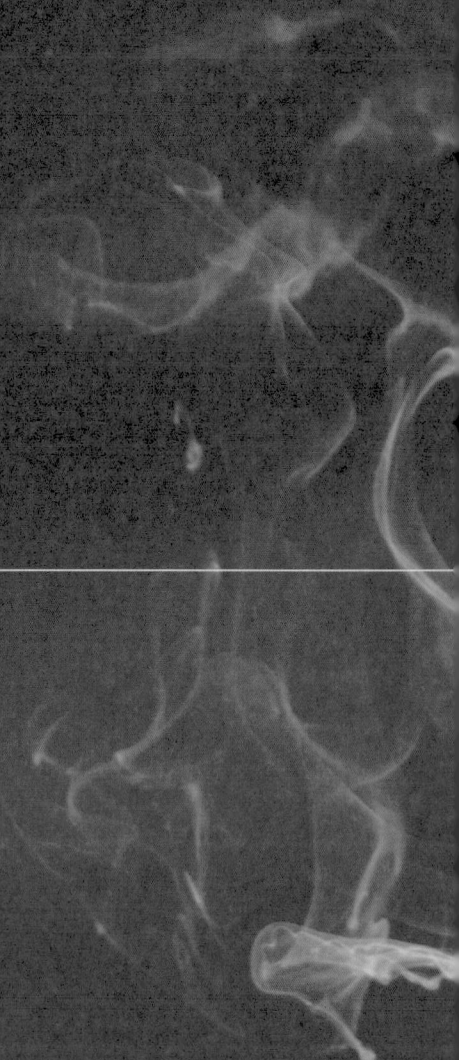

【 锁云 · 万物氤氲 】

天地混沌，万物氤氲之中，一切皆从"云"始。

在婉转而逶迤的石脉上，一道道云气从天而降，由地而生，山气之刚，云气之柔，于此时此刻共汇一景。

炉石十六品之锁云，以宏阔描摹绵邈，以尘寰形拟太虚，由此登临"游心于淡，合气于漠"之境，才能将光阴收纳于方寸之间。

诗
心

<table>
<tr><td>题雩都华严寺
宋·岳飞</td><td>手持竹杖访黄龙，旧穴空遗虎子踪。
云锁断岩无觅处，半山松竹撼秋风。</td></tr>
</table>

此一品炉石锁云，其形似云，仿佛石将云"锁"于此处。烟云自石底而起，转而向上，再被石锁之，烟云、美石互相缠绕，不分彼此。坐而观云，云似山来山似云，无论何境，均因此平添一份飘逸。

许慎在《说文解字》中认为气是"云气"，云是天地之气的象征，也是宇宙精神的体现。"万物皆禀天地之气以生"，在古人眼中，一切物体都可算是一种"气积"，织成有节奏的生命。

"风无定相，云无常态。世间万般变化。"

云所蕴含的自然之道，寄托着古人对天地之道和人生追求的思考，文人雅士们尤喜观云，以在云起云散之中"澄怀观道，静照忘求"。

米万钟锁云

米万钟，字仲诏，明代万历年间进士，宋代"石痴"米芾后裔，如其先辈般爱石，自称"石隐"，取号"友石"，一生收藏了大量的赏石，其中就有"十面灵璧"和"米万钟锁云"两方名石。

当米万钟闲坐书斋时，焚香炉中，待香云起，犹若天边之云。灵璧在侧，香云萦绕于石间，仿若被此石关锁，暂停此处。观此情此景，米万钟意从心起，落下"锁云"二字。

明 米万钟锁云 日本佐藤观石先生旧藏

"米万钟锁云"曾经流出海外，到达日本，后又被沪上藏家偶得。其背有铭刻"锁云"二字，落款为"万历丁酉春三月藏石米仲诏"，其印为"友石"。此"米万钟锁云"即为灵璧石。另一方"黄易款锁云"曾由西泠印社拍出。两方"锁云"有其共通之处，随形而生，似若云烟。

造园借景

明代的文人造园艺术达到巅峰，著名的造园家计成所著《园冶》中载："夫借景，林园之最要者也。如远借，邻借，仰借，俯借，应时而借。然物情所逗，目寄心期，似意在笔先，庶几描写之尽哉。"

这种造园思维的核心实际上源自中国传统的哲学思想——天人合一。《道德经》有云："人法地，地法天，天法道，道法自然。"人们常为俗事所困，远离山林而不得悠游，故如何造景于园中，或引风光入室内，便成为一众文人的追求。

高濂在《遵生八笺》中有《高子书斋说》，介绍雅士如何布置书房：

书桌之上，文房四宝，砚山笔格，笔筒笔洗，镇纸水丞，一盏香炉，几本案头书，等等；花几上，一瓶插花，可插四时之花；墙壁上，几幅画，或山水，或花鸟，或人物，再挂古琴；再有一几，置一方石，或灵璧、英石、昆山石、燕石、钟乳、玛瑙等；再有书架，置经史子集、中医易理、道经佛论、书帖杂录。

人们经由视觉、触觉、嗅觉的共同感受，形成了这样一个可以静心治学、格物哲思的空间。

陆游的老学庵、纪昀的阅微草堂、归有光的项脊轩、蒲松龄的聊斋、苏轼的雪堂、米芾的宝晋斋、倪瓒的净名居等文人居室中，总少不了高濂说的这些物件。

而米万钟的文石居中，若山间之云，观之便可得飘逸自在的这一方"锁云"亦不可或缺。

清 居廉 《花卉草虫册页》美国波士顿美术馆藏

类太湖石

此方锁云为类太湖石，产自湖南湘西，俗称紫玲珑，属于石灰质岩，主要产自湘西自治州境内花垣、保靖、永顺等武陵山区的溪谷泥沙中。原石多有泥沙状或泥沙结晶体附着物，需要用清水冲洗后方可露出肌理。石色主要有紫红、棕红、姜黄、象牙黄、象牙白等色。全石密布红色丝纹，玉化程度高，色艳纹美，形态奇特，又称龙骨石，是4亿年前形成的石灰石在酸性红壤的历久侵蚀下而形成。

目前太湖石已经不局限于产自太湖区域的石种，河北、山东、河南、江苏、湖北、湖南、广西、贵州、云南等多个地区均有此类石种，且具玲珑通窍之形，都可归类为"类太湖石"。

云为石锁，但石又怎能将云束缚在此，云亦会溢出石之外，如北宋著名词人张先《燕归梁》词中所云："清影外，见微尘。"

燕归梁
宋·张先
去岁中秋玩桂轮，河汉净无云。
今年江上共瑶尊。
都不是，去年人。
水精宫殿，琉璃台阁，红翠两行分。
点唇机动秀眉颦。清影外，见微尘。

据《钦定四库全书·子部·陈氏香谱》所载"梅花香法"一方，以"清影外"为名制此香，以和炉石"锁云"之品。以印度白檀、丁香、也门乳香、苏门答腊安息香、甘松、零陵香、梅花脑、龙涎香诸香合和，榆树皮为粘，合之成线，窖三月香成。

窈子苍咲臉時藍田洛浦競芳香
博雲瀟楊洲觀河泹盈二步洛神
己酉春日寫雪居克弘

梅花香法

甘松、零陵香各一两，

檀香、茴香各半两，

丁香一百枚，

龙脑少许（别研），

右为细末，炼蜜令合和之，干湿得中用。

丁香

丁香，古称鸡舌香。宋代《开宝本草》载："丁香，二月、八月采。按广州送丁香图，树高丈余，叶似楝叶，花圆细，黄色，凌冬不凋。医家所用惟用根。子如钉子，长三四分，紫色，中有粗大如山茱萸者，俗呼为母丁香，可入心腹之药尔。"

《雷公炮炙论》曰："凡使（丁香），有雌雄，雄颗小，雌颗大，似枣核。方中多使雌，力大，膏煎中用雄。"

丁香分公母，公丁香为丁香花的花蕾，母丁香则为果实。形状上公丁香是干燥的研棒状，而母丁香则是干燥的椭圆形果实形状。两者香气略有区别，药性上公丁香要强于母丁香，有暖胃温肾、温中降逆、散寒止痛、温肾扶阳的功效。

《通志》有载，应劭为汉侍中，年老口臭，帝赐鸡舌香含之。后来三省故事，郎官日含鸡舌香，欲其奏事对答芬芳。鸡舌香在汉代作为官员上朝时必备的"口香"，后世亦有所用。

唐代刘禹锡诗《朗州窦员外见示与澧州元郎中郡斋赠答长句二篇因以继和》曰："新恩共理犬牙地，昨日同含鸡舌香。"

元代李裕诗《次宋编修显夫南陌诗四十韵》曰："鸡舌遥闻韵，猩唇厌授餐。"由诗可见，唐元时亦有此用法。

《香乘》卷二"鸡舌香即丁香"载："陈藏器曰：鸡舌香与丁香同种，花实丛生，其中心最大者为鸡舌，击破有顺理，而解为两向，如鸡舌，故名，乃是母丁香也。"

四

【栖霞·博山停云】

霞，《说文解字》曰："赤云气也。从雨，叚声。"

云气受日光返照而映为霞，上古"治石理玉"而为叚。云与叚两厢际会，栖于嵯峨，憩于巉岏，便如老树著花，"枯劲之中发以秀媚，广大之中出其琐碎"。

炉石十六品之栖霞，以天地之云气流衍融合自然之崇阿造化，肌理斑驳洒落，影调鸿蒙幽微，天然有一种应得之色。

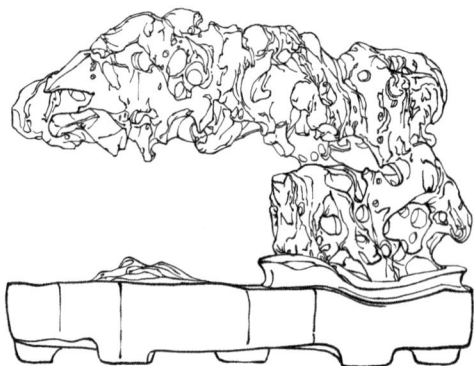

诗心

浣溪沙　　　　　红日已高三丈透，金炉次第添香兽，红锦地衣随步皱。
南唐·李煜　　　佳人舞点金钗溜，酒恶时拈花蕊嗅，别殿遥闻箫鼓奏。

炉石十六品之栖霞，其形如檐如盖，霞光若栖息于此，因而得名"栖霞"。焚香其中，烟云自底部而起，遇遮则侧出，凝停环绕，亦曰停云——当空气湿度略高（65%以上）时，焚香于净室，烟云出炉，凝实不散，若山间停云。

古代文人笔下，云霞与深野山岚、隐逸之志紧密相挽，曾几有诗云："沈水已成烬，博山尚停云。"黄庭坚亦有"一穟黄云绕几，深禅想对同参"，还有烟霞癖、烟霞侣……无一不指向山林归隐之超然。

将此方炉石栖霞置于案头，可驻留云的脚步，摄取虹的魂魄，坦陈玉的斑斓。静心观赏，神游其间，便有世外之想，亦如钱惟善诗云："山人久视，居士长生，俯仰一室，逍遥太清。"

莲峰栖霞

南朝学者明僧绍之子明仲璋，为告慰父亲在天之灵，遵从父亲生前遗愿，于栖霞山中开凿佛龛、佛像，后又经南朝齐、梁、陈三朝开凿，至唐宋元明各代，共开凿佛像700余尊，终成千佛岩。这些开凿者中，有一人曾在此居住多时，他自号"莲峰居士"，此人就是南唐后主李煜。

世人说李煜除了不是一个称职的皇帝，书画、音律、诗文都堪称一绝。

李煜善为诗词，但因亡国动荡所致，其词作传世只数十篇，但其中近三分之一的词作都有香或用香场景的描绘。其父中主李璟亦爱香。《十国春秋·南唐元宗纪》载："保大七年，召大臣、宗室赴内香宴。凡中国、外域名香以至，和合煎饮。佩戴粉囊共九十二种，皆江南所无也。"保大是李璟的第一个年号，当时李煜约六岁。

宋代陶谷《清异录》曰："李煜伪长秋周氏，居柔仪殿，有主香宫女，其焚香之器曰把子莲、三云凤、折腰狮子、小三神、卍字金、凤口婴、玉太古、容华鼎，凡数十种，金玉为之。"李煜钟爱小周后，不仅为她准备了如此名贵的各类香具，亦有各类名贵香材为小周后而焚。

李煜爱香，在《香乘》中共记载了李煜香方七首，其中最为出名的即"江南李主帐中香"，《陈氏香谱》中亦有记载。

李煜亦爱石，后世米芾收藏的"宝晋斋研山"相传就得自其夫人，而夫人正是李煜后人。

李煜的一生充满戏剧性，前半生极尽荣华，国破时又被新朝软禁，并最终客死他乡。在他死之前，他写下绝笔《虞美人》：

春花秋月何时了，往事知多少？
小楼昨夜又东风，故国不堪回首月明中。
雕栏玉砌应犹在，只是朱颜改。
问君能有几多愁？恰似一江春水向东流。

明 文俶 《秋花蛱蝶图》 天津博物馆藏

此时的他，心中怀念故国，身心一无所栖，心境极为苍凉，他于愁思感怀之中写下"一江春水向东流"，也许在他的心中，自己仍能随这春水回归故土。

李煜后半生的诗词，多饱含愁苦之意，而他前半生的诗词中，虽时有遁世之心，后人看到的却是一个极尽潇洒、极富情趣的风雅之士。

渔父

南唐·李煜

浪花有意千里雪，

桃李无言一队春。

一壶酒，一竿身，

快活如侬有几人？

香
韵

阮郎归·呈郑王十二弟

南唐·李煜

东风吹水日衔山，春来长是闲。落花狼藉酒阑珊，笙歌醉梦间。

佩声悄，晚妆残，凭谁整翠鬟？留连光景惜朱颜，黄昏独倚阑。

《阮郎归·呈郑王十二弟》这首词作于李煜意气风发之时，余借词中悠然闲适之意境，参考李煜所制"江南李主帐中香""江南李主煎沉香"两方制此香，并以"长是闲"为名，既慰李煜，亦和炉石"栖霞"，呈"春来长是闲"之意。

以河北鸭梨去核成盅，入芽庄沉香粉、海南黄熟香粉、印度白檀香粉，隔水蒸，千捣后加入等量芽庄沉香粉、龙脑以榆树皮为粘，蔷薇水和之，窨三月香成。

江南李主帐中香

沉香四两，檀香一两，麝香一两，

苍龙脑半两，马牙香一分研，

右细剉，不用罗，炼蜜拌和，烧之。

江南李主煎沉香

沉香末一两，檀香末一钱，鹅梨十枚，

右以鹅梨刻去穰核，如瓮子状，入香末，仍将梨顶签盖，

蒸三沸，去梨皮研和令匀，久窨可爇。

安息香

"长是闲"中所用的香料安息香，其名得于出产国"安息国"，即为今伊朗地区的帕提亚帝国。

安息香又名白花榔、拙贝罗香，是安息香科植物或者越南安息树的树脂。其外形为球形颗粒压结成的团块，大小不等，红棕色至灰棕色，并嵌有黄白色及灰白色不透明的杏仁样颗粒，常温下质地坚硬，加热即软化。

《香乘》引《酉阳杂俎》载："安息香树出波斯国，波斯呼为辟邪树。长三丈，皮色黄黑，叶有四角，经寒不凋，二月开花，黄色，花心微碧，不结实，刻其树皮，其胶如饴，名安息香，六七月坚凝，乃取之。"

《一统志》载："三佛齐国安息香树脂，其形色类核桃瓢，不宜于烧而能发众香，人取以和香。""安息香树如苦楝，大而直，叶类羊桃而长，中心有脂作香。"

安息香具有甜中带酸的典雅飘逸香气，而且能衬托出其他香材的香气，所以在合香中一般用于增加甜味。且安息香本身有开窍醒神的作用，所加入的合香往往能使人安定。《红楼梦》第九十七回中宝玉情绪激动，"知宝玉旧病复发，也不讲明，只得满屋里点起安息香来，定住他的神魂，扶他睡下。众人鸦雀无声，停了片时，宝玉便昏沉睡去"。此处便用的是安息香，起凝神镇定的作用。而"长是闲"香方中加入安息香，亦有长在此栖霞处，心自闲适之意。

五

【玉带·天河垂空】

"惟天有河，是生水德。凌浩渺之元气，挂峥嵘之远色。"

于幽夜目极苍穹，在人类的视野之内，天河高远、虚灵、神秘，清晰可见而又遥不可及，笼罩一切而又一无所取。

炉石十六品之玉带，以"丽天之象"铺陈"理地之形"，仰观吐曜，俯察含章，贯通绲缊玄黄，浮一沤即是茫茫星空，见一尘即为无量大千。

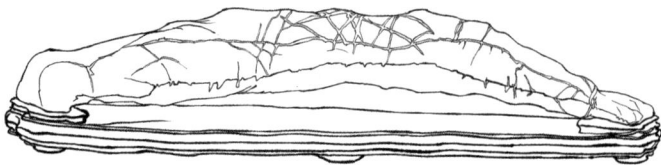

诗心

<table>
<tr><td>鹊桥仙
宋·秦观</td><td>纤云弄巧，飞星传恨，银汉迢迢暗度。
金风玉露一相逢，便胜却、人间无数。
柔情似水，佳期如梦，忍顾鹊桥归路。
两情若是久长时，又岂在、朝朝暮暮。</td></tr>
</table>

银河，又称玉带，古人视之以天河也。《易经·系辞传》："天尊地卑，乾坤定矣。卑高以陈，贵贱位矣。动静有常，刚柔断矣。方以类聚，物以群分，吉凶生矣。在天成象，在地成形，变化见矣。"

汉代时牛郎织女的民间传说，为天上之银河增添了除神秘高远外的另一种意向——相逢与分离，人们从此亦以玉带为界，以鹊桥为联。

赏石文化中也有这样一种石形，两边着底，中而拱起，如山横陈，似桥横卧，似银河，似穹顶，亦可称玉带。焚香其下，香云似通天而去，似上古燎祭再现，那些游历天外、朝求夕索、参访星宿的方外游仙场景仿佛由此展开。

司马相如有言，"赋家之心，苞括宇宙"。古代文人尤爱借星空抒发心绪：曹操感"星汉灿烂，若出其里"以见人之渺小，李白借"永结无情游，相期邈云汉"慨孤寂忧愁，白居易于"烟霄微月澹长空，银汉秋期万古同"中叹古今之异同，李清照以"天接云涛连晓雾，星河欲转千帆舞"描绘梦境。

炉石玉带，既象征着一场神游万仞的意象驰骋，又隐喻着天河垂空的奇瑰想象，更蕴含着古人对天人关系的探索与哲思。

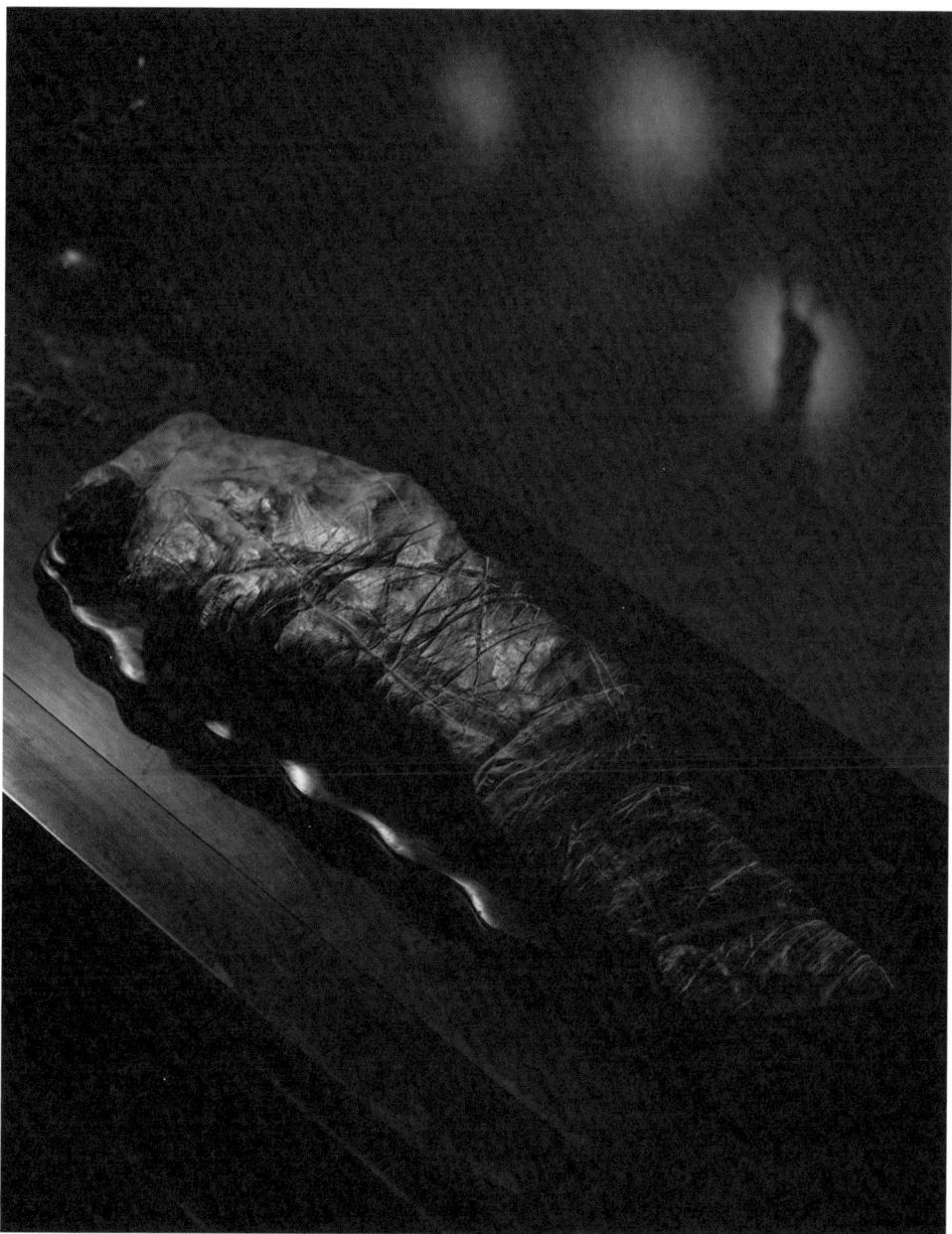

循
脉

钻云螭虎

赵孟頫，字子昂，号松雪道人，宋末元初之名士，亦是书法大家。

赵孟頫爱香也爱石，《素园石谱》中录入他的一方赏石，名为"钻云螭虎"："钻云螭虎，子昂珍藏。"赵孟頫有诗《偶得灵璧石笔格状如俗所谓钻云螭虎者因成绝句》："玄螭穿透白云层，老眼平生见未曾。开辟以来神物出，人间剞劂竟何能。"

《素园石谱》还有一方"小岱岳"，并附《赋张秋泉真人所藏研山》一诗。

《云烟过眼录》卷三载："赵子昂（孟頫）乙未自燕回，出所收"，有"灵璧石香山一座下有云根二字"，另有"叶森曾见公一灵璧石，大如拳，峰峦皆五，列公名之五老峰，手抓之、拂之亦有声"。赵孟頫的这方灵璧石香山，传说焚香其中，烟云旋绕经久不散。

近些年，收藏界也曾有传，苏州曾有人自赵孟頫故居井中得美石一方，并高价流传于沪上藏家手中，但此石形制如何，不得而知。

灵璧石

此方玉带为灵璧石，灵璧石产自古宿州灵璧县（今安徽灵璧），隶属于玉石类的变质岩，为隐晶岩石灰岩，由颗粒大小均匀的微粒方解石组成，因含金属矿物或有机质而色漆黑或带有花纹。

赏炉石十六品之玉带，可将之放置于略高之台，或与视线齐平为更佳。焚香时，或有赵孟頫灵璧石香山之感，烟云因玉带之穹顶所阻，经久不散。

玉带为苍穹之意象，香为云，似天河垂空，为与玉带相和，特别调合"月夕花朝"一香。

《香乘》中有载"逗情香"一方，为香丸方，且由于有牡丹、玫瑰等诸花，所合之香有复合花香，可称为"百花香"。

百花香

牡丹、玫瑰、素馨、茉莉，

莲花、辛夷、桂花、木香，

采各种花，俱阴干，去心蒂，用花瓣，惟辛夷用蕊尖，共为末，用真苏合油调和作剂，焚之，与诸香有异。

《香乘》中另有"李主花浸沉香"一方，此方为沉香的一种炮制方式，即以花露浸制。

李主花浸沉香

沉香不拘多少，剉碎，取有香花若荼蘼、木犀、橘花（或橘叶亦可）、福建茉莉花之类，带露水摘花一碗，以瓷盒盛之，纸封盖，入甑蒸食顷取出。去花留汁，浸沉香，日中暴干，如是者数次，以沉香透润为度。

月夕花朝

参考以上二方，重作调和，以越南芽庄沉香、富森红土、海南黄熟香为基，并以玫瑰露浸一日，并辅以阿曼绿乳、苏门答腊安息、梅花脑修之。再加入竹炭粉去其杂气，以天然榆树皮粉为粘，以蔷薇水合之，窨三月香成。其中沉香之清雅、花香之弥漫皆有，可谓二者兼得。

花露

《陈氏香谱》中"南方花"条载："温子皮云：素馨、茉莉，摘下花蕊，香才过，即以酒噀之，复香。凡是生香，蒸过为佳。每四时遇花之香者，皆次次蒸之，如梅花、瑞香、酴醿、栀子、茉莉、木犀，及橙、橘花之类，皆可蒸。他日蒸之，则群花之香毕备。"

又有"花熏香诀"条载："用好降真香结实者，截断约一寸许，利刀劈作薄片，以豆腐浆煮之，俟水香去水，又以水煮至香味去尽，取出。再以末茶或叶茶煮百沸，滤出阴干。随意用诸花熏之，其法以净瓦缶一个，先铺花一层，铺香片一层，铺花一层及香片，如此重重铺盖，了以油纸封口，饭甑上蒸少时取起，不得解。待过数日，取烧，则香气全矣。或以旧纸竹辟簜依上煮制，代降真采橘叶捣烂，代诸花熏之，其香清若春时晓行山径，所谓草木真天香，殆此之谓。"

顶上龙涎香　青研香堂藏

宋代赵汝适《诸蕃志·志物·蔷薇水》载："蔷薇水，大食国花露也。"此为中国文献中最早关于蔷薇水的记载。当时的宋朝，北方被辽、金、西夏控制，陆上丝绸之路被截断，唯有向南方海上寻求新的贸易路径。幸好南向的海上丝绸之路从秦汉时便已逐渐成形，至五代时，已经有不小的规模。

从东南亚、印度洋、波斯甚至欧洲的香料就随着海上丝绸之路源源不断地运往宋朝。当时进口的香料种类至少有一百多种，常见的有玫瑰、龙涎香、龙脑香、沉香、檀香、丁香、苏合香、胡椒、麝香、茴香、藿香等数十种。

阿拉伯人带来了蒸馏技术，使蔷薇水这种香水进入宋朝，一些文人墨客开始自己试制香水，也就是花露。"李主花浸沉香"是南唐宫廷所用香品，当时宫中曾用大食国的玫瑰香水——蔷薇水制作帐中香。《陈氏香谱》"江南李主帐中香"方言："入蔷薇水更佳。"

花露与沉香相结合，这种全新的感受让李煜非常着迷，但彼时毕竟从大食国进口花露不那么容易，于是他就开始试图以蒸的形式来制作蔷薇水，从而有了此方。

宋韩彦直《橘录》载："朱栾作花，比柑橘绝大而香，就树采之。用笺香细作片，以锡为小甄，每入花一重则实香一重，使花多于香，窍花，甄之旁以溜汗液用器盛之，炊毕彻甄去花，以液浸香，明日再蒸，凡三换花始暴干，入瓷器密盛之，他时焚之，如在柑林中。"这也是一种制作花露的方法，被称为"蒸沉"。

宋周去非《岭外代答》载："以佳沉香薄片劈着净器中，铺半开，花与香层层相间，密封之。明日复易，不待花萎乃蔫也。花过乃已，香亦成。"这种方式与朱栾的不同，有点类似于福建制作茉莉花茶的制法——窨制。沉香作薄片，与花层层叠叠堆在一起，密封窨制，隔日还需要更换新的花瓣。此法类似于制作茉莉花茶的"九窨九提"工艺。

明王圻《稗史汇编》载："橙、柚为蒸香，皆以降香为骨。"宋代诗人、经学家郑刚中有《降真香清而烈有法用柚花建茶等蒸煮遂可柔和相识分惠熟之果尔但至末爨则降真之性终在也》一诗，详记柚花熏制降真香，日：

南海有枯木，木根名降真。评品坐粗烈，不在沈水伦。
高人得仙方，蒸花助氤氲。瓦甄铺柚蕊，沸鼎腾汤云。
熏透紫玉髓，换骨如有神。矫揉迷自然，但怪汲黯醇。
铜炉既消歇，花气亦逡巡。馀馨触鼻观，到底贞性存。

宋代中后期，岭南已经可以稳定地制作花露，蔡絛《铁围山丛谈》载："至五羊效外国造香，则不能得蔷薇，第取素馨、茉莉花为之，亦足袭人鼻观。"汪广洋《岭南杂录》："石鼎微熏茉莉香，椰瓢满贮荔枝浆。"

南宋范成大《骖鸾录》载："番禺人作心字香，以素馨、茉莉半开者，着净器，薄斯沉水香，层层相间封之。日一易，不俟花蔫，花过香成。"

这些方法在民间流传甚广，至明代时，已经在岭南形成产业。屈大均《广东新语》"兰香"条载："以莞香之粗者，茗以灌之，杂置树兰于其中，包以蜜香之纸，曝以烈日，兰焦复易。如此四五度，乃封贮之。"

六

【隔溪・曲水流觞】

"人之相与，俯仰一世。"

自魏晋以降，文人名士尤兴雅集，他们或齐聚松风鹤影的山中，或同坐鱼乐泉飞的水边，或闲游鸟鸣芳浮的花间。有时品茗清谈，鉴古读史；有时枕流漱石，吟风弄月；有时澡雪问梅，耕云研道……山野文会熏陶出"散怀山水，萧然忘羁"的文心，也锤炼出"罔悟玄同，竞异摽旨"的哲思。

炉石十六品之隔溪，以时间为沟壑，连接古今与未来，品之可观自然，抒情怀，衍玄思，慨喟人生无常，而雅境无限。

诗
心

兰亭诗二首·其一

晋·王徽之

散怀山水，萧然忘羁。
秀薄粲颖，疏松笼崖。
游羽扇霄，鳞跃清池。
归目寄欢，心冥二奇。

炉石十六品之隔溪，所选之石必有沟壑，焚香之时，香云若溪流之水，行走于山川之上，坐而观之，宛若置身于流水之侧，隔溪雅会。

东晋永和九年（353），谢安、谢万、王羲之等一群文人雅士聚于会稽山阴之兰亭，在蜿蜒曲折的溪水两旁席地而坐，由书僮将斟酒的羽觞放入澄澈的溪中，羽觞顺流而下，以觞停何处，定赋诗之人，便是"曲水流觞"。号称"天下第一行书"的《兰亭集序》即王羲之在席间所创。

盛唐时，新科进士及第，皇帝也会在曲江举行盛大的"曲江流饮"，效仿王羲之，放盏盘上，置于曲流之上，盘随水转，轻漂漫泛，至何处，何人即执盏畅饮，遂成一时盛事。

至宋以后，城镇逐渐完善繁荣，人们已不在竹林山野中放浪形骸，而转至精舍、园林中延续风雅。北宋亦有"西园雅集"——苏东坡、黄庭坚、李公麟、晁补之、张耒、秦观、米芾等十六位文人在画家王诜的私家山水中写书作画，赋诗题壁，和曲操琴。虽然李公麟所画《西园雅集图》未能保存下来，但米芾所写《西园雅集图记》至今流光溢彩。

《兰亭集序》已成千古经典，"曲水流觞"则成为中国文人的精神故乡。他们将对自然景物的体验，表达为一种审美的情调，更升华成一种宁静闲适、潇洒高逸的精神追求。

循
脉

茶山居士

"梅子黄时日日晴，小溪泛尽却山行。"南宋诗人曾几游览三衢山时，先是乘舟泛溪而下，再转而于山中行走。溪流泛碧，鸟鸣翠声，所见所闻之景皆生机勃勃，他兴致高昂，回家后便写下了这首《三衢道中》。

三衢道中
宋·曾几
梅子黄时日日晴，
小溪泛尽却山行。
绿阴不减来时路，
添得黄鹂四五声。

曾几好游山玩水，但他的雅趣远不止于此。清人翁方纲曾经评价南宋诗坛称："南宋诸家，格高韵远，可上接香山，下开放翁者，其惟茶山乎？"香山是白居易，放翁则是曾几的学生陆游，而曾几本人则号茶山居士。

何德器赠太湖石

何德器，名侑，号存斋，处州（今浙江丽水）龙泉人，曾差监镇江府库部大军库、镇江府粮料院，累官大理寺丞、知漳州等，将年长且为师的曾几视为偶像。他曾赠送数方美石于曾师，曾先生欣然受之，并作诗以记："爱山已成痴，爱石又成癖。"（引自《何德器赠太湖石》一诗）另有《次何德器见赠韵》《何德器寄道州怪石》。

曾几曾在岭南为官，收藏了太湖、灵璧、昆、英等石种，并赋诗《太湖石》《怪石》《寄昆山李宰觅石》《程吉老抚干以英石见遗层叠可爱报之以此》等。在他的诗作之中，体现了他对石的审美取向："层层叠叠山"，"又兼小峥嵘，无乃太多欲"，"眼前突兀见此石，怪怪奇奇俱可人"。

他爱石亦爱香，曾作《廿一兄以手和四清香见饷用心清闻妙香为韵成五小诗》，有"发奁知长者，闭阁自调香""花覆春风殿，炉薰上紫清""下帷香一缕，收尽向来心""从来香一瓣，只许自闻闻"等大量与香相关的诗句传世。

香
韵

赏石、焚香是宋人清致之生活日常。焚香于炉石隔溪之品,亦可用文人香,即符合文人味觉审美取向之香品。

读明周嘉胄先生《香乘》所辑录晚明江浙文士所用香方,调合为"正清秋"一方。香以白檀为主香,辅以栈香、苏合香、熏陆香,修饰以甘松、白芷、玄参、广木香、金颜香、芸香、白茅、零陵香、龙脑、山荼、甘草等十数味香材和合而成。清斋茅舍取鼎爇之,香郁而清,青烟舒漫,其韵具文士之清高涵韬、隐士之自在旷达。

西坡即事

元·陈天锡

人境得佳趣,青松处士家。

成行看过雁,数点落归鸦。

风动竹凋叶,秋高菊吐花。

闲来媚幽独,吾志在烟霞。

甘松

《香乘》卷四"甘松香"条载:"出姑臧、凉州诸山,细叶引蔓丛生,可合诸香及裹衣。今黔蜀州郡及辽州亦有之,丛生山野,叶细如茅草,根极繁密,八月作汤浴,令人身香。"

姑臧、凉州即今甘肃武威,此外,四川、西藏等都有出产。

甘松具有一种很独特的香气,初闻时味道很强烈,但在合香中加入甘松,可以增强合香的厚度。其味辛,性温,还有清凉的感觉。

七

【载瞻・瞻云陟屺】

"鸢飞戾天者，望峰息心；经纶世务者，窥谷忘反。"光影浮动之间，山势扑面；蒸腾缭绕的雾霭中，松影憧憧，仿若穿游于峰峦林泉中寻觅胜景，又似在物幻神驰的万山松壑里开掘意境。澄怀逸兴，畅神观道，于瞻云陟屺间得享圣人之"游"与味象之"乐"。炉石十六品之载瞻，雄浑而恣肆，磊落而旷达，既含"即景会心，随物宛转"的悠游自在，又彰"披图幽对，坐究四荒"的精神意蕴。

诗
心

<table>
<tr><td>山行杂咏
清·袁枚</td><td>十里崎岖半里平，
一峰才送一峰迎。
青山似茧将人裹，
不信前头有路行。</td></tr>
</table>

此一首"山水田园诗"乃诗人行游间所作，他在崇山峻岭之中遇山则瞻，遇川则止，风景随途变换，颇有一番逍遥情致，此为炉石十六品中"载瞻"所呈之意向。载瞻，其形峰峦错生、连绵起伏，丛山之中又生深沟、孔洞，若烟云行走，自成炉石。大而观之，可将山峦尽收眼底，如神明临于此山之上，俯览天地；若行路其中，山径婉转，景致各有不同，别有灵趣。苏轼游庐山时，载瞻载止，留下"横看成岭侧成峰，远近高低各不同"的名句。赏炉石载瞻，则是于"卧游"之中徜徉山林，寄身于峰峦而能获得与天地造物同游的欣然。它遍布着精微细致的构造，弥漫着古淡雅正的气息，这一切亦形成了一种磅礴与虚静的奇特统一。

山水寄情

中国历来就有修仙一说，古人亦希冀沟通天地，神游太虚，譬如始皇慕蓬莱之名，命徐福驾舟寻仙之记。案头之上，置此一品炉石，小中观大，烟云迭出，宛若云雾间之山峦，虚实与同。人间否？蓬莱否？

东晋时，佛教传入、道教勃兴、玄学兴起，西域诸国文化羼入，使得这一时期的文化艺术大放异彩，诸多文人又因致仕之路艰难，便有了归隐山林、放浪形骸之举，由此开创了一个极为洒脱和自由的时代，赏石亦流行其间。

东晋名士谢灵运在《山居赋》中讲述自己的"始宁（今上虞）别业"："群峰参差出其间，连岫复陆成其坂""路北东西路，因山为郛。正北狭处，践湖为池。南山相对，皆有崖岩，东北枕壑，下则清川如镜。"这里已是穷尽山水之美的晋宋风韵了。

陶渊明在《归田园居》中说："方宅十余亩，草屋八九间。榆柳荫后檐，桃李罗堂前。"五柳先生田园虽小，面前却是秀美的匡庐山水，可以"采菊东篱下，悠然见南山"。

载瞻之品，形、意皆重。意为形之根，形为意之本。其余诸山石，虽亦有山势、山形，但与载瞻相比，则少了一丝连绵，而这份连绵才是载瞻之品的精髓。

《论语》曰："知者乐水，仁者乐山。"古时文人尝寄情山水，他们行走于山林中、溪水旁，散性而至，流连忘返，于山水间寻求自我。在山行路上，他们亦载瞻载止，拥自然的景色入怀。见竹笋雨后而出，念生命之奇妙，见枯树新芽，叹万物之生发。一方怪石、一棵树根皆有所念。行于山间更感荒山野趣，超然物外，这正是文人寄情山水、梦寐以求的崇高境界。

千山雪

南宋晁公武，字子止，号"昭德先生"，济州钜野（今山东巨野）人，著名目录学家。昭德先生有词《鹧鸪天》："开窗尽见千山雪，雪未消时月正明。"

此香以此"千山雪"为名，参考《香乘》中"清远膏子香"及《香谱》中"清真香"两方，取海南绿棋楠、越南芽庄沉香、乳香（阿曼、也门所出各半）、甘松、零陵香、藿香、龙脑碾碎和匀，再取龙涎丁香，香成后窨藏三月醇化而成。爇之香感清幽，凉意十足，花香其内，乳香浮动。入炉石中焚之，烟起时如千山飞雪，清冷拂面，具醒神、开窍之功。

清远膏子香

甘松一两去土、茴香一两去土炒黄、藿香半两、香附子半两，

零陵香半两、玄参半两、麝香半两另研、白芷七钱半，

丁皮三钱、麝香檀四两即红兆娄、大黄二钱、乳香二钱另研，

栈香三钱、米脑二钱另研，

右为细末炼蜜和匀散烧或捻小饼亦可。

清真香

沉香二两、栈香三两、檀香三两、零陵香三两，

藿香三两、玄参一两、干草一两、黄熟香四两，

甘松一两半、脑麝各一钱，

甲香二两半，汩浸二宿，同煮，油尽以清为度，后以酒浇地上置盖一宿，

右为末，入脑麝拌匀，白蜜六两，炼去沫，入焰硝少许，搅和诸香，丸如鸡头子大，烧如常法，久窨更佳。

龙脑

龙脑是一种味道独特，能让人产生清凉感的合香香材。

《香乘》卷三载"龙脑香"："龙脑香即片脑。《金光明经》名羯婆罗香，膏名婆律香。"

《酉阳杂俎》载："龙脑香树出婆利国，婆利呼为'固不婆律'。亦出婆斯国，树高八九丈，大可六七围，叶圆而背白，无花实。其树有肥有瘦，瘦者有婆律膏香。亦曰瘦者出龙脑香，肥者出婆律膏也。在木心中断其树，劈取之，膏于树端流出，斫树作坎而承之。"

龙脑所出的植物为龙脑樟树，主要生长在印尼的苏门答腊岛，将其木心截断，膏液从其中流出，并收集这些膏液，形成龙脑。其中等级最高者为粉色，亦称梅花脑。而其之所以有"凉"的感觉，因龙脑有其药性。

《本草汇言》："龙脑香，开窍辟邪之药也，性善走窜，启发壅闭，开达诸窍，无往不通。然芳香之气能辟一切邪恶，辛烈之性能散一切风热。故《唐本草》主暴赤时眼，肿痛羞明；或喉痹痛胀，水浆不通；或脑风头痛，鼻瘜鼻渊；或外痔肿痛，血水淋漓；或交骨不分，胎产难下；或风毒入骨，麻痛拘挛；或痘毒内闭，烦闷不出。此药辛香芳烈，善散善通，为效极捷，一切卒暴气闭，痰结神昏之病，非此不能治也。"

龙脑能通窍，而通窍之后嗅觉更为敏感，更容易闻到味道。若再吸入低于身体体温的空气，那种"凉"的感觉便产生了。

八

【广漠·烟云苍茫】

"人生天地间，忽如远行客。"

于一望无际的大漠之中，眼望辽阔的大地，耳听风沙奏响的乐声，脚踏存在了亿万斯年的土地，走进时间的无尽洪流。

炉石十六品之广漠，以沧桑之力，牵引着人们登临远眺，一目是荒旷的沉寂，一目是宏阔的悲凉，暮鼓晨钟，朝升夕落，一切终归于茫茫的烟云。

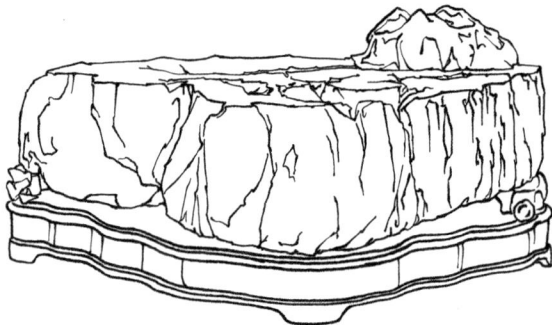

诗心

使至塞上

唐·王维

单车欲问边，属国过居延。
征蓬出汉塞，归雁入胡天。
大漠孤烟直，长河落日圆。
萧关逢候骑，都护在燕然。

炉石十六品之广漠，其形广阔如刀斧劈过的平台，远方隆起山脉，深邃透底的沟壑仿若长河，香云自沟壑中升起——正是王维笔下的广漠山河。

唐开元二十五年（737），三十六岁的王维，离开了繁华的长安，踏上了去往塞外的道路。当他坐于马车之中，掀帘望去，长河尽头夕阳西落，空中一行大雁掠过，远处驿站升起了一缕炊烟，他心中的孤寂郁愤被这壮美的风景所融化，留下了"大漠孤烟直，长河落日圆"的千古壮观之景。

炉石广漠，本是无生命之物，却又不易被摧毁，天然蕴含着一股苍凉坚韧之力，无论旷野中的时间如何奔驰，它始终亘古未变，又似乎早已追随沧海播迁为桑田。当烟云腾起，无生命的永固之物，也于时空的流动之中被赋予了生命，成了永恒生命的象征。

万国来朝

　　幅员辽阔的土地，造就了博大的中华文明，在海纳百川、兼济天下的世界观之下，来自欧洲、中东、印度、东南亚的各种香料逐渐融入我们的香文化之中。

　　张骞通西域之后，汉朝逐渐沿河西走廊建立起"陆上丝绸之路"，直到唐代，这条丝绸之路已经为中国带来了大量的西域物产。海上丝绸之路也在此时开始萌芽，汉朝控制了南方地区，一些海外诸国也开始向汉朝称臣，并送来朝贡之物，其中就有不少香料。

　　汉以后，大唐的长安城是世界上最大的贸易都市，它分设东西两市，并建立专门负责商业贸易的机构——市舶使。一时间"万国来朝"，无数的香料涌入我国，极大丰富了中华香文化宝库。

　　汉代兴起的丝绸之路，其中大片的路途是荒漠之地。商队们往来于西域与中原，行走于大漠之上，他们伴着"大漠孤烟直"的景色，向着心目中的繁盛中土前进。尽管路途中危险重重，豺狼虎豹与马贼强盗并存，但路途的终点是长安，是绚丽的希望和美好的生活。

　　赏此品"广漠"炉石，仿佛置身于大漠之中，耳边传来丝路上的驼铃之声，再看那烟沙腾起，顿生天地广大而人渺小之感，体悟出某种不可言说的力量。

石
质

英石苍隽

炉石广漠，为英石平台石，在英石中较为常见。难得的是，其中沟壑透达石底，焚香其中，烟透沟壑而起，风静孤烟直上，风动摇曳生姿。

英石为石灰质岩，《云林石谱》载："英州含光真阳县之间，石产溪水中，有数种。一微青色，间有白通脉笼络，一微灰黑，一浅绿，各有峰峦，嵌空穿眼，宛转相通。其质稍润，扣之微有声。又一种色白，四面峰峦耸拔，多棱角，稍莹彻，面面有光，可鉴物，扣之无声，采人就水中度奇巧处鏨取之。"

宋代杨万里有诗云："英州那得许多石，误入天公假山国。"

宋代造园艺术达到成熟，且有追求意境、不拘小节、强调神韵的思维，英石这种自然山石便成为普遍使用的造园选材，并被作为贡品进献皇室，成为皇家园林置景之选。

明代计成所著《园冶》文字虽大量引用《云林石谱》原文，但也强调了英石的用法，即"可置几案，亦可点盆，亦可掇小景"。至明代时，英石开采已产业化，明太祖朱元璋推崇园林石峰，建造御花园时多用叠山立石之法，共用石27块，大者六尺有余，小者亦有两尺。现存故宫御花园奇石每八件中就有一件为英石。清代更是将英石列入四大园林名石，与灵璧、太湖、昆石并列。

虽《渔阳公石谱》中包含了《绉云石记》部分内容，但因《四库全书提要》认为《渔阳公石谱》与《宣和石谱》"必非绉书，盖明周履靖刻是书时所窜入也"，故"所附二谱，悉削而不载"。尽管如此，其中对于英石的记述至少也是清早期前所写。《绉云石记》记载了广东提督吴六奇不远千里送予恩人查伊璜一方英石，名为绉云石。目前此石藏于上海曲院风荷的江南名石苑内。

玉玲珑石　摄于上海豫园

英石·宋山　青研香堂藏

英石·正清秋　青研香堂藏

明清以来江南园林发展迅速，并且以宅园居多，因此掇山、理水、布石、种花、点缀亭榭盛行。而英石作为优秀的观赏石代表，更是大量应用于园林之中作为主景石，如清末岭南四大名园（佛山梁园、东莞可园、番禺余荫山房、顺德清晖园）都用英石作为主景。几案石则作为文人雅玩被布置进了厅堂、书房等处，苏州网师园万卷堂中便置有一英石过桥。

姚际恒《好古堂家藏书画记》云："英石高三尺五寸，下阔二尺，形瘦细而致踟蹰，名之曰舞袖。横置则蜿蜒叉枒，又名卧龙。予竖之斋前以当舞袖可也。"

《洞天清禄集》载："英州出石如铜矿，声亦如铜。倒悬生崖下，以锯取之，故底有锯痕。大者或长七八尺，起峰至二三寸。亦几案奇玩。然色润者可爱，枯燥者不足贵也。"又载："灵璧、英石自然成山形者可用。于石下作小漆木座，高寸半许，奇雅可爱。"

陆游著《老学庵笔记》载："英州石山，自城中入钟山，涉锦溪，至灵泉，乃出石处，有数家专以取石为生。其佳者质温润苍翠，叩之声如金玉，然匠者颇阙之。常时官司所得，色枯槁，声如击朽木，皆下材也。"

清代蒋超伯《通斋诗话》中云："英石之妙，在皱、瘦、透。此三字可借以论诗。起伏蜿蜒斯为皱，皱则不衍，昌黎有焉。削肤存液斯为瘦，瘦则不腻，山谷有焉。六通四辟斯为透，透则不木，东坡有焉。支离非皱，寒俭非瘦，卤葬灭裂非透。吁，难言矣。"讲的正是对英石的鉴赏。

清代徐珂著《清稗类钞·鉴赏类》中载："英石，出广东英德县，城临大江，石山四绕。德清徐某尝登南门睥睨以望之，大山如屏幛周遮，小山若峰刃矗立，皆英石也。石工入山，择其形势适用者，凿之以归，大者充园圃中假山之用，其小者或剖而分之，或黏而合之，作几上假山及案头砚山之类，均以皱、瘦、透、秀四者备具为良。徐于广州归德门某肆见一卧石，长可丈许，皱纹极细，皆具峰峦形，盖设肆者将以渐凿取之，为假山、砚山以售于人也。"

因英石多为可置于案几者，《洞天清禄集》称英石为"几案奇玩"。宋代苏轼曾作诗云："海石来珠宫，秀色如蛾绿。坡陀尺寸间，宛转陵峦足。连娟二华顶，空洞三茅腹。初疑仇池化，又恐瀛洲蹙。"

明代文震亨著《长物志》载："出英州倒生岩下，以锯取之，故底平起峰，高有至三尺及寸余者。小斋之前，叠一小山，最为清贵，然道远不易致。"

英石·诗词怀古

壶中九华诗

宋·苏轼

湖口人李正臣蓄石九峰，玲珑宛转，若窗棂然。予欲以百金买之，与仇池石为偶，方南迁未暇也。名之曰壶中九华，且以诗纪之。

清溪电转失云峰，梦里犹惊翠扫空。

五岭莫愁千嶂外，九华今在一壶中。

天池水落层层见，玉女窗明处处通。

念我仇池太孤绝，百金归买碧玲珑。

伯琬明府年兄和予致字韵诗举英石见遗谨次

宋·喻良能

久闻英石空流涎，意欲得之无力致。

士衡东头富玲珑，染指独许尝鼎味。

明窗净几拂蛛尘，尤物定自能移人。

报惠惭无百金寿，赠公相好无时朽。

英石铺道中

宋·杨万里

一路石山春更绿，见骨也无斤许肉。一峰过了一峰来，病眼将迎看不足。

先生尽日行石间，恰如蚁子缘假山。穿云渡水千万曲，此身元不离岩峦。

莫嫌宿处破茅屋，四方八面森冰玉。孤峰高绝连峰低，圈者如廪尖如锥。

苍然秀色借不得，春风领入玉东西。英州那得许多石，误入天公假山国。

君莫问

《香乘》中有三方"韩魏公香"，其中两方据考均为宋仁宗时重臣韩琦所创之香方。宋夏战争爆发后，韩魏公与范仲淹一同知任边疆，抵御西夏，面对茫茫大漠，不问前程亦不问生死。

韩魏公浓梅香

黑角沉半两、丁香一钱、腊茶末一钱，郁金五分小者麦麸炒赤色，

麝香一字、定粉一米粒即韶粉、白蜜一盏，

右各为末，麝先细研，取腊茶之半汤点澄清调麝。次入沉香，次入丁香，次入郁金，次入余茶及定粉，共研细乃入蜜，令稀稠得所。收沙瓶器中窨月余取烧，久则益佳。烧时以云母石或银叶衬之。

韩魏公浓梅香又方

腊沉一两、龙脑五分、麝香五分、定粉二分，

郁金五钱、腊茶末二钱、鹅梨二枚、白蜜二两，

右先将梨去皮，姜擦梨上，捣碎旋扭汁与蜜同熬，过在一净盏内。调定粉、腊茶、郁金香末，次入沉香、龙脑、麝香，和为一块，油纸裹入磁盒内，地窨半月取出。如欲遗人，圆如芡实，金箔为衣，十圆作贴。

王安石，临川县城盐埠岭人，字介甫，号半山，人称半山居士，封舒国公，后改封荆国公。曾有词《南乡子·自古帝王州》云：

> 自古帝王州，郁郁葱葱佳气浮。
> 四百年来成一梦，堪愁。晋代衣冠成古丘。
> 绕水恣行游，上尽层楼更上楼。
> 往事悠悠君莫问，回头。槛外长江空自流。

以词中"君莫问"为名，借韩魏公两方之浓情，重新配伍，以沉香为基，丁香、郁金、零陵香、藿香少许修之，龙脑辅之，龙涎定之，榆树皮粉粘之，以腊茶汤合和，窨三月香成。

以此香和炉石广漠之品，燃于炉石广漠之中，正是对半山居士词中豪情的一种回答。

郁金香

《香乘》中有"郁金""郁金香""金颜香"等，实际上它们说的是两样东西。（备注：金颜香是有杂质的安息香。）

郁金实为姜黄，而郁金香则并非百合科郁金香，而是另一种贵重的香材、药材藏红花。

《香乘》卷二"郁金香"条引《金光明经》载："谓之茶矩么香，又名紫述香、红蓝花草、麝香草。馨香可佩，宫嫔每服之于襦祛。"

引《魏略》载："郁金生大秦国，二月、三月有花，状如红蓝，四月、五月采花，即香也。"

引《南州异物志》载："郁金，出罽宾国，人种之，先以供佛，数日萎，然后取之。色正黄，与芙蓉花裹嫩莲者相似，可以香酒。"

引《方舆胜览》载："撒马儿罕，西域中大国也，产郁金香，色黄似芙蓉花。"

再根据美国汉学家薛爱华的著作《撒马尔罕的金桃》中关于郁金的论述，综合可知名为"郁金香"者应为"番红花"，即藏红花。

藏红花作为香材入合香时，能产生较有辨识度的香味，且唐时即为染衣所用，其色红中略带微黄。《酉阳杂俎》中亦有记载："天竺国婆陀婆恨王，有凤愿，每年所赋细緤并重叠积之，手染郁金香拓于緤上，千万重手印即透。丈夫衣之，手印当背；妇人衣之，手印当乳。"

九

【玲珑·镂月裁云】

"生气远出，不著死灰。妙造自然，伊谁与裁？"

炉石钟灵毓秀之妙，人之智巧不能及。曲折洞天、流丽弧度、飞舞姿态、细腻纹路，乃至回旋起伏的山脉、纵深于岩石间的沟壑，无一不是"取造化之文为我文"。

炉石十六品之玲珑，臻于自然天成的妙境，融天地万物之生香活态，镂月裁云，雕骨铭肌，皆肇自然之性，成造化之功。

诗
心

	爱此一拳石，玲珑出自然。
题自画石	溯源应太古，堕世又何年？
清·曹雪芹	有志归完璞，无才去补天。
	不求邀众赏，潇洒做顽仙。

炉石十六品之玲珑，乃取此诗义中"玲珑、自然"之意。其形圆润若球，其中孔洞相连、嵌空穿眼。因其内部结构复杂，烟气行走其中，或从此出，或从彼出，或此时从此出、彼时从彼出，平添许多逸趣。

玲珑者，形为表而意为里。外形虽奇，但奇而不骄，内在生机流动，仿佛成一气贯注之世界，进而生生相续，生生不已，自有一股活泼的韵致。

司空图《与李生论诗书》里有言："近而不浮，远而不尽，然后可以言韵外之致耳。"意在要去捕捉、表达和创造那种可意会而不可言传、玲珑又婉转的情感、意趣和韵味。

而这种"妙造自然"，一是要求"取造化之文为我文"，达到审美内涵上的"同自然之妙有"；二是要求不矫揉造作，达到一种炉石本天成，妙手偶得之的"自然高妙"的境界。

循
脉

艮岳之石

"不求邀众赏，潇洒做顽仙。"

宋徽宗赵佶也爱石。他在苏州专设"应奉局"，为收集各种珍稀花木和奇石，用以建造他的花园"艮岳"，此举也被世人称为"花石纲"。《华阳宫记》中有载："或若群臣入侍帷幄，正容凛若不可犯，或战栗若敬天威，或奋然而趋，又若伛偻趋进，其怪状余态，娱人者多矣。上既悦之，悉与赐号，守吏以奎章书列于石之阳。"只可惜此千古名苑"艮岳"因"靖康之变"毁于战火。

金人大败宋之后，占据汴梁，金世宗令人将这些艮岳之石移到中都，并以此为基础新建离宫"琼华之岛"。彼时金国实行五京制，为中都大兴府、上京会宁府、南京开封府、北京大定府、东京辽阳府。"琼华之岛"到明代仍为御花园，永乐帝曾在游览时以此"艮岳之石"教导宣德帝："又顾兹山而谕朕曰：此宋之艮岳也，宋之不振以是，金不戒而徙于兹，元又不戒而加侈焉。睹此处，思其人。"清代沿用了明代的紫禁城作为皇宫，而这些满是故事的"艮岳之石"仍存于当今的故宫博物院"御花园遗址"中为后世叹赏。

湘西紫玲珑

炉石玲珑，石质为湘西紫玲珑，属类太湖石，当地又称龙骨石，其成因与太湖旱石相类，均为石灰石在酸性土壤中侵蚀千万年而成。湘西有大量侵蚀性、溶蚀性、剥蚀性构造区，这也造成其山石多有空洞，而品相好者亦不多。其中又有淡紫色石质者为人追捧，盖因其中有铁、锰元素相互配合而呈淡紫色。

其表皮有紫红、棕红、姜黄、象牙黄、象牙白诸色，其间丝纹经脉纵横，玉化程度高者又似动物骨骼，故名龙骨石。其石质坚硬，多产于水溪边之泥沙内，叩之有金石之声，但挖掘困难，清理耗费也大，其中黄土和沙子的混合物需清水浸泡多时才能现出颜色。湘西紫玲珑或呈球形，或呈草木形，与其他类太湖石比，又因其中经脉多了一丝生机，且色彩丰富，大有玲珑之感。

元　钱选　《招凉仕女图》（局部）　台北故宫博物院藏

东阁清欢

炉石玲珑之品，器与香合，香亦须有缥缈之感。

《香乘》中有"复古东阁云头香"一方，《癸辛杂识外集》载："宣和时，常造香于睿思东阁，南渡后如其法制之所，谓东阁云头香也。"

复古东阁云头香

真腊沉香十两、金颜香三两、佛手香三两，

蕃栀子一两、梅花片脑二两半、龙涎二两，

麝香二两、石芝一两、制甲香半两，

右为细末，蔷薇水和匀，用石硙之，脱花如常法薰之，如无蔷薇水，以淡水和之亦可。

唐代冯贽《云仙杂记·少延清欢》载："陶渊明得太守送酒，多以春秋水杂投之，曰：'少湮清欢数日。'"苏东坡又以《浣溪纱·细雨斜风作晓寒》词曰："人间有味是清欢。"

此香以"东阁清欢"为名，参考"复古东阁云头香"之香方，焚香而品，有淡淡暗香飘渺而来。其香中正甘爽，其韵清远淡逸，使人宛如独坐雅境之中，饱山岚之气，沐日月之精，清风拂面，抱神以静，世间烟火散尽，只剩余薰。

薰陆与乳香

波斯等地的香材中，树脂类香材占很大一部分。其中薰陆、乳香等在长时间的应用和贸易中逐渐混为一物。但实际上，薰陆现今仍存在于维吾尔族医药之中。汉名：洋乳香、熏鲁香，应为漆树科黄连木属的树木产出的树脂，主要产地为地中海区域，其中以希腊的希俄斯岛所出最为著名。而常见乳香为橄榄科树木的树脂。这在《重修政和经史证类备用本草》中有详细说明。

西域的树脂类香材较多，如薰陆、安息香、乳香等，这些树脂类香材的外形几乎都是凝结的不规则树脂固体。合香之时如果树脂类的香材比例较高，是难以作为线香等点燃的。因此需要加入一定量的炭粉助燃，但炭粉比例需要反复调试。这些古方，最初多为香丸、香饼，因此在读方合香时不可完全照搬，而是要反复思考及试验。

十

【精绝 · 惊采绝艳】

"荒荒油云，寥寥长风。"

纪元初始，荒野四辟。无数的民族在大地的怀抱中繁衍与消亡，波澜壮阔的文明在风云里流离与交融。当铸剑为犁，狼烟四散之后，岩石露出地表，嘶鸣着英雄的传说。

炉石十六品之精绝，传承着历史的精神，刻印着文明的遗迹。风沙磨砺雕琢，朔风劲骨，惊才绝艳之下，是逝者苍凉的背影，亦是来者慷慨的悲歌。

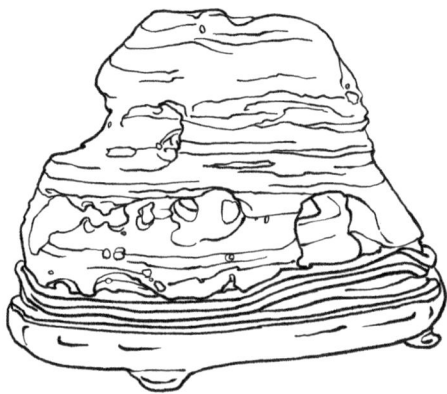

诗
心

角声吹彻梅花，胡云遥接秦霞。

敦煌乐　　　　白雁西风紫塞，皂雕落日黄沙。

明·杨慎　　　汉使牧羊旄节，阏氏上马琵琶。

梦里身回云阙，觉来泪满天涯。

出玉门关，从阳关往西便是广阔的西域，自汉代以来，西域便是中原王朝的西陲边关。

公元5世纪左右，随着东西方的各种交流和贸易的兴起，西域地区开始繁荣起来。高昌、姑墨、精绝、楼兰、月氏、龟兹这些国名在后世的文学创作中多有出现，其背后所代表的便是西域的瑰丽与神秘。而经由河西走廊从长安通往西域的道路，称为"丝绸之路""香料之路"。在这条路上，驼队将西域的奇珍、皮毛、香料带至长安，再从长安带回瓷器、丝绸、大黄等中原特产。

丝路上，除了行程万里的商队，就是连绵不绝的戈壁与沙漠，而戈壁石这种由风沙打磨的石种就出自此处，亦成为后世文人雅士们的案头雅玩。

炉石精绝，经过千万年天地造化、风沙侵袭，形成了光滑的棱面或棱角，其形结构复杂，精彩绝伦。亦有无数岩石未经住这严酷的考验，碎裂成沙砾，只有质坚者才得以现世成器。当它从地下露出，正如那埋在历史长河中的精绝古国，千百年前隐于尘土，又于后世在中原文明的古迹中偶露峥嵘，惊艳人间。

观炉石精绝，石如大漠，仿佛有凌厉燠热之感扑面而来，烟云如霞，似戈壁烽烟苍茫。

生命循环往复，历史周而复始，我们于品赏之外，亦借炉石回溯文明的参差与百态，也就是尊崇了人类文明中一段段曾经独有的荣光。

循脉

精绝古国

1901年，英国考古学家斯坦因在塔克拉玛干沙漠腹地发现了一处古代遗迹，由于遗迹紧贴着尼雅河，便被命名为"尼雅遗址"。在最后一次挖掘中，出土了4枚汉代木简，其中一块写着"汉精绝王承书从事"，至此，精绝国重现人间。20世纪80年代后期，中国科学院和日本组成联合考古队，对"尼雅遗址"进行了大规模发掘，发掘出大量珍贵文物，其中还包括一种眼睛状的珠子"琅玕"，即一种人造玻璃，也称"蜻蜓眼"。1996年，考古队发现了精绝国王陵，并出土了精绝王的棺椁，锦被裹着两人的尸骸，精绝王的右臂上还有一方护臂，上面有一句似穿越千年的文字"五星出东方利中国"。而精绝王颈部有刀伤，腹部也有刀伤，王妃则颈骨断裂，右脸严重淤青。墓中还发现了精绝王子，他在两人之后入葬。他们三人可能是经历了外敌入侵。这或许也是精绝国从此埋于黄沙的原因。

随着精绝国的消失，尼雅绿洲最终也成为黄沙的一部分。精绝所有的故事从此消逝在历史长河之中，最终在千年后现身于我们面前。

石不能言

南宋庆元二年（1196）秋，陆游被罢官，尚未入京修史，闲居于"风月轩"中。闲居山阴，悠游度日，虽生活略苦，但石、花、美景相伴，于是有了这首《闲居自述》。

> 自许山翁懒是真，纷纷外物岂关身。
> 花如解笑还多事，石不能言最可人。
> 净扫明窗凭素几，闲穿密竹岸乌巾。
> 残年自有青天管，便是无锥也未贫。

陆游一生爱石、敬石，并写下多首与石相关的咏叹诗，他年轻时曾拜师曾几，曾几亦爱石，以石为友。

陆游曾途经黄州，观赤壁矶下有奇石，于是在其《入蜀记》中记载："五色错杂，粲然可爱，东坡先生《怪石供》是也。"又经三峡秭归县黄牛峡时，见"城下多巧石，如灵璧、湖口之类"，猜测其为苏东坡所见之"壶中九华"。他还在诗词中提到过灵璧石、林虑石、太湖石、舂陵石等，并于《老学庵笔记》述英石之"质温润，叩之声如金玉之声为佳"也。

元　顾安《幽篁秀石图》故宫博物院藏

石质

戈壁朔劲

炉石精绝，选石为戈壁石中的风凌石。风凌石是早古生代浅海环境下的硅质岩，及晚古生代陆相火山喷出的安山岩，经过长期的风砂磨蚀形成了光滑的棱面或棱角。此石种造型独特，多有沟壑、空洞，且石质坚密，色泽鲜亮者多。

戈壁石，不限于戈壁玛瑙、风凌石、泥石、鸡骨石、蛋白石、戈壁化石、千层石等石种。

我国沙漠的总面积有约70万平方千米，而戈壁约有50多万平方千米，主要分布在内蒙古、宁夏、甘肃、新疆、青海。戈壁虽然可称为不毛之地，但里面蕴含着大量的自然资源，其中就包括储量丰富、形态各异的戈壁石。

这一区域也被称为"蒙古弧"，是西伯利亚板块与华北板块在二叠纪末期发生碰撞合而为一后受到挤压形成的。又在约1亿年前，古板块缝合线附近的挤压带又发生拉张，形成了许多深大的裂缝，沿此裂缝便有安静的火山喷发，形成了覆盖广泛的玄武岩平台。而晚侏罗纪到早白垩纪时的多次火山喷发则形成了中基性火山岩，熔岩地层最多可达40层，岩浆溢出地表后所含气体迅速逸散，形成岩石时便留下许多气孔和空洞。火山活动的后期，饱含二氧化硅的胶体热液沿着岩石裂隙钻入玄武岩、安山岩的气孔之中，逐渐冷却形成了硅质岩石。

而这些地区的气候也十分恶劣，干旱异常，并且昼夜温差悬殊，极冷极热。岩石的风化作用强烈，尘土、砂粒被吹走，而那些填充在孔穴中的硅质岩石由于自身硬度高、抗风化能力强便残留原地。戈壁中还经常伴有沙暴，这些风沙无休止地对石面进行研磨，让它们的表面变得更加光滑细腻。

内蒙古的戈壁石资源一般在腾格里、巴丹吉林、乌兰布和三大沙漠中的戈壁滩和滩间山坳之中，其中阿拉善地区目前开发得最为成熟。而新疆的哈密市被天山山脉横亘于此，山南地处哈密盆地，被戈壁沙漠环抱，而山北森林、草原、雪山、冰川浑然一体。在魔鬼城附近的戈壁中，就盛产各种戈壁石，还有大量的硅化木化石。

从元代起，戈壁石中的戈壁玛瑙就成为皇家贡石，更是达官贵人、文人雅士的心爱之物。明清时，随着赏石文化，尤其是供石、几案石的流行，这些形态万千、极具风格的戈壁石更加成了文房雅石中的代表。当世著名的观赏石中亦有大量戈壁石，如藏于台北故宫博物院的五花肉石。

《元史·志三十五》载："玛瑙玉局，秩从八品。直长一员。掌琢磨之工。至元十二年始置。"元世祖忽必烈至元十二年（1275）工部下设玛瑙局，专门负责收集戈壁奇石、玛瑙供宫廷使用，该机构后升格成为提举司。

明代顾文荐著《负暄杂录》载："宁夏外羌地沙碛"之地有戈壁奇石十六种。

清代《康熙几暇格物篇》中载康熙途经额鲁特部时评价戈壁石："赋形肖像，奇奇怪怪，莫可敷陈。造化生物之巧，一至此乎！"

又明年

从秦汉时起，外域的商人就开始沿着丝绸之路来到中土，他们带来的商品里包括皮毛、香料以及很多新奇的小玩意儿，然后从中土带回丝绸、瓷器和茶叶等商品。

彼时，精绝古国正是这陆上丝绸之路的重要一环。

至唐宋时，海上丝绸之路逐渐发展，越来越多的商人经由海路来到中原。其中有一个人在《香乘》中也留下了自己的名字，这位来自大食国属勿巡的商人名叫辛押陀罗。

《宋史》列传第二四九"外国六"载："诏赐希密敕书、锦袍、银器、束帛等以答之。至道元年，其国舶主蒲押陀黎赍蒲希密表来献白龙脑一百两，腽肭脐五十对，龙盐一银合，眼药二十小琉璃瓶，白沙（砂）糖三琉璃瓮，千年枣、舶上五味子各六琉璃瓶，舶上褊桃一琉璃瓶，蔷薇水二十琉璃瓶，乳香山子一坐（座），蕃锦二段，驼毛褥面三段，白越诺三段。"

皇帝很高兴，封他为"归德将军"，册封的诏书是苏轼起草的，收录于《苏轼文集》卷三十九之中："敕具官辛押陀罗。天日之光，下被草木。虽在幽远，靡不照临。以尔尝诣阙庭，躬陈珍币。开导种落，岁致梯航。愿自比于内臣，得均被于霖泽。祗服新宠，益思尽忠。可。"

辛押陀罗在广州生活了几十年，成了蕃商的头领，官府委其为蕃长，负责招徕外商、协助贸易、征收关税、管理外侨等事务。他积累了大量的财富，也热心公益，熙宁元年（1068）还曾捐建郡学，接受蕃客和本地人的子弟入学。

但不幸的是，辛押陀罗回到故国后，竟然被勿巡的国王所杀，而他无子无女，仅在广州有一个养子。有广州商人觊觎他的财富，想要以"户绝法"将他的财产充公，还将此事告到了户部。幸亏当值户部判官的正是苏轼的弟弟苏辙，他一眼就看出了那两个广州商人的真实想法，于是将财产判给了那位由辛押陀罗收养的养子，保护了他的财产权益。这件事也被苏辙记录，并写进了自己的《龙川略志》之中。

正因许多如辛押陀罗一样的商人，从秦汉时就将西域的各种香料带来中土，这极大地丰富了我们合香所用之物。今以《香乘》中"辛押陀罗亚悉香"为参考，重新合和"又明年"，以和炉石"精绝"之品。

辛押陀罗亚悉香

沉香五两、兜娄香五两、檀香三两，

甲香三两、丁香半两、大石芎半两，

降真香半两、安息香三钱、米脑二钱白者，

麝香二钱、鉴临二钱另研详或异名，

右为细末，以蔷薇水、苏合油和剂，作丸或饼，蒸之。

"又明年"此方，以越南沉香、阿曼绿乳、印度白檀为基，辅以甲香、丁香、川芎、降真香、苏门答腊安息、梅花脑修之，加入竹炭粉、榆树皮粘，后以蔷薇水合之，窖三月香成。

其名取自蔡襄之孙蔡伸所作之词，有怀往昔、念故国之意，与精绝之品炉石甚合。

一剪梅（甲辰除夜）

宋·蔡伸

夜永虚堂烛影寒。

斗转春来，又是明年。

异乡怀抱只凄然。

尊酒相逢且自宽。

天际孤云云外山。

梦绕觚棱，日下长安。

功名已觉负初心。

羞对菱花，绿鬓成斑。

甲香

在《香乘》《陈氏香谱》《香谱》中均有一味用以调和的香料，名为甲香。

《香乘》载："甲香蠡类，大者如瓯，面前一边直揑，长数寸。圹壳岨峿有刺，共掩杂香，烧之使益芳，独烧则味不佳。一名流螺，诸螺之中，流最厚味是也。生云南者大如掌，青黄色，长四五寸，取厣烧灰用之，南人亦煮其肉啖。今各香多用，谓能发香，复聚香烟。须酒蜜煮制，去腥及涎，方可用，法见后。"

甲香所用的原料，并不是"流螺"的硬壳，而是螺的掩厣，俗称口盖。

现在经过生物学和化学的鉴定，甲香的主要成分包括碳酸钙、角质蛋白、甲壳质。其中碳酸钙不可燃烧，但在合香中可以起到降低温度和抑制烟云的作用。而角质蛋白在燃烧时虽然会散发焦臭味，但扩散性和持久性很好，可以提高留香时间。《本草图经》载："甲香……云可聚香，使不散也。"

甲壳质有保湿、杀菌消炎的作用，在《香乘》中使用甲香的香方多为香丸方，加入甲香后可以起到防止水分蒸发的作用，从而降低水分蒸发导致的香气流失。

甲香最早的记述可以追溯到东汉杨孚的《交州异物志》："假猪螺，日南有之，厌为甲香。"

万震在《南州异物志》中记载："甲香大者如瓯，面前一边直揑，长数寸，围壳岨峿有刺，其厣杂众香，烧之益芳，独烧则臭。"

北宋唐慎微《证类本草》所载最为详细："甲香味咸，平，无毒。主心腹满痛，气急，止痢，下淋。生南海。唐本注云：蠡大如小拳，青黄色，长四五寸，取厣烧灰用之。南人亦煮其肉啖，亦无损益也。《图经》曰：甲香，生南海，今岭外、闽中近海州郡及明州皆有之。海蠡之掩也……今医方稀用，但合香家所须。用时先以酒煮去腥及涎，云可聚香，使不散也……《广州记》云：南人常食，若龟鳖之类。又有小甲香，若螺子状……《衍义》曰：甲香，善能管香烟，与沉、檀、龙、麝用之，甚佳。"

明代《金石昆虫草木状》中有甲香的相关图画，由此可以分析甲香应为蛾螺科香螺或骨螺科的角质螺厣。

甲香得来不易，且价格昂贵，于是先民们也找到了替代甲香的方法。《香乘》载："合香偶无甲香，则以鲎壳代之，其势力与甲香均，尾尤好。"所谓鲎，俗称马蹄蟹。

但使用甲香，必须进行炮制，入香时多以泥水煮甲香，去其盐霜，或以蜜水及米酒煮，去其腥臭味。

《香乘》中有多种甲香炮制方法，如：

"甲香如龙耳者好，自余小者次也。取一二两，先用炭汁一碗煮尽，后用沉煮，方同好酒一盏煮尽，入蜜半匙，炒如金色。黄泥水煮令透明，逐片净洗，焙干。炭灰煮两日，净洗，以蜜汤煮干。

甲香以米泔水浸三宿后，煮煎至赤沫频沸，令尽泔清为度，入好酒一盏，同煎良久，取出，用火炮色赤；更以好酒一盏泼地，安香于泼地上，盆盖一宿，取出用之。

甲香以浆水泥一块同浸三日，取出候干，刷去泥，更入浆水一碗，煮干为度，入好酒一盏煮干，于银器内炒，令黄色。

甲香以灰煮去膜，好酒煮干。

甲香磨去龃龉，以胡麻膏熬之，色正黄，则用蜜汤洗净。"

这些方法都有很强的可操作性，旨在清除甲香表面的附着腐肉及海腥味。

十一

【纤秾·亦清亦酽】

"诗缘情而绮靡，赋体物而浏亮。"

纤，是天地至理划下的刻度，天际云流，溪中水波，自然纹理随形而生，即刻消失又瞬间显露；秾，是万物坤灵的鲜活胜景，繁花信风，韶华琼芳，生机丰懋而气象自成。

炉石十六品之纤秾，虽色泽润厚但无浅俗迷离之态，虽纤秀浓华却无粉饰雕琢之痕，秾纤合度，亦清亦酽，方得"平淡秾奇，诸体毕备"之意。

诗心

| 行游 | 金风猎猎吹远松，青霞朵朵生残峰。 |
| 明 · 陶允嘉 | 西山一径三百寺，唯有碧云称纤秾。 |

炉石十六品之纤秾，多一分则显愚笨，少一分则感孤漏。不多不少，恰到好处，才合"纤秾"之意。此品炉石并无具象所指，而是一种形态美的标准。

纤为苗条，秾为丰腴，纤秾同在，代表了一种丰润且秀美，一切都"刚刚好"的尺度。

杨廷芝《诗品浅解》中云："纤以纹理细腻言，秾以色泽润厚言。"

王安石《灵山寺》诗亦有："瞰崖聊寄目，万物极纤秾。"

赏炉石纤秾，既赏它的纤巧细微、秀丽高雅，又赏它的天真自然，显而不露。纤秾并非仅仅显露在外，它亦在中国文人所追寻的风雅生活的深处。我们对纤秾本身的理解越是真切，就离所谓的"俗艳"越来越远，最终见到的是其内在清妙、鲜活而饱满的生命力。

纤秾合度

古时纤秾多用于形容美人与文章。古时四大美人，沉鱼落雁、环肥燕瘦，各有特点，皆为纤秾。西施之于春秋，昭君之于汉，飞燕之于汉成帝，玉环之于唐玄宗。美人的胖瘦高矮，均契合时代的审美取向，美得自然、恰到好处。

王勃一气呵成《滕王阁序》，亦可称纤秾。全文七百七十三个字，无一处可加，亦无一处能删。杜甫《登高》，被明代诗论家胡应麟誉为"古今七言律第一，不必为唐人七言律第一也"。全诗"一篇之中，句句皆律，一句之中，字字皆律"。此即为美人与文章之纤秾也。

米芾赏石四法"瘦、漏、透、皱"之瘦，并非细如枯枝，同样是一种尺度，不腻、不肥，自有风骨。炉石十六品之纤秾，正是借此中真意。

清妙和合

石为视觉审美，香为嗅觉审美，而炉石是结合视觉与味觉的和合呈现。纤秾之审美，重在度的把握，所用之石、所选之香，以中正平和为要，不妖、不魅但又不失高级，且自呈"清妙"之性。

"清"即为干净，这一点为大多数人所接受，而"妙"则代表着味道的某种特性，能让人产生愉悦感。清妙之香，便是好香，是纤秾之香，这亦是气味审美上较高的一种标准，当然，从气味中体会到的清、凉、甜、雅、醇等，都是气味中某一个点的关联词。

香之气味组合，或使人安神、醒神，或让情绪达到愉悦和放松的状态……这都是对于气味的综合感知，而一旦落于纸上，便不能完全表达出那气味带给人们的感受，只好以"清妙"而言。

气味的生命

气味可以感召我们的想象力，而香本就有"造静"的能力。人的记忆多是场景化的，由当时的视觉、听觉、触觉、味觉、嗅觉共同组成，并形成一个综合且主观的感受。五感之中，某一个点一定会成为唤醒这段记忆的锚点。而能够被人们深刻记忆的场景，必定有它的特别之处。味道往往能唤起这些记忆，味道与记忆之间也容易产生某种连接。

同样是花前月下，有人回忆起的是栀子花，有人怀念桂花，有人思念玫瑰，也有人记住了另一人身上的香水味。而同样是桂花，有人回忆起的是妈妈做的桂花糕，有人则想起那天在桂花树下的海誓山盟，也有人在丹桂飘香的季节失去心中所爱，从此不能忘怀。

香
韵

格古通今

《遵生八笺》的作者高濂曾言"合香贵在料精"，这是一种标准，"精"在所选材料品质要好。中医药中有"道地药材"的概念，而药香同源，道地香材自然会有更好的味道。

那些流传至今的香方，其中所用香材皆是当时、当地能取得的合适之物。时至今日，以那些香方合香时，不一定要完全遵循古方。毕竟，经过几百上千年的时间，不同气候、不同时期，那些香材已有区别，对气味的审美也在变化。现在的合香者要加入现代人的审美进行材料选择、重新组方。

每个时期人们对气味的审美都会有些区别，如果照搬放诸现在，也不一定合适。但气味审美的基础评判并没有太大变化，首要即"清"，其次就是醇和，不浓烈、不激烈，烟火气不要太重，否则会丧失其美感。

在此基础之上，调香亦需遵循某种取向。而合香者也需在遵循古方的基础上，以自身对于气味的理解和记忆来进行。古方之外，需要加入的便是合香者的切身理解和个人表达。读古方之前，首先要了解当时的历史、用香场景，完成对背景的理解，再来读方、选材。

以鹅梨帐中香为例，所用香料很简单，鹅梨、檀香、沉香而已。但现在有无数的梨种，檀香也有诸多产地、等级，沉香更是一个庞大的品类。制作此香，也绝非简单地将梨挖空，填入调配好的沉香、檀香香粉，再随便找东西封住盖子。若用竹、木等材料成钉，在蒸制过程中易出现杂味。而范晔在《和香方·序》中提到：沉实易和，盈斤无伤。那么此时以沉香削成钉来封盖，既符合范晔的合和香观念，又符合李后主作为一个帝王应有的气度。

因此，不但要遵循古方，更要理解古方，再以今日之香材特性予以调配，制出的合（和）香既能有较好的还原度，又能符合现今时代的嗅觉审美，此即气味审美之纤秾。

君、臣、佐、使

至汉代时，合和香已多有出现，明代周嘉胄所著《香乘》卷十四至卷二十五均为合香之法。可考最早的香方为《龙树菩萨合和香方》，而在古时，香方及合香之法多录于医书之中。如葛洪的《肘后备急方》《抱朴子》中均有香方录入。

香药同源，在合香时也会遵循中医组方原则，以"君、臣、佐、使"配伍、和合。治病之药方，各味药材以方抓之，不多一分，不少一味，方能药到病除。合香之时，组方亦然，方能香生曼妙，纤秾有度。

沐云凝碧

为配纤秾之品炉石，所选之香需清甜醇和，既要符合现代人的味觉审美，又要借鉴古人的组方原则，且味觉上又要有纤秾之感，因而，唯有此方合适。沐云凝碧，组方参考明代朱权《臞仙神隐书》中"臞仙神隐香方"及清代赵学敏《本草纲目拾遗》。《本草纲目拾遗》中，王景略为织造寅公所制香，得自拉萨之"藏香方"，并加入海南奇楠，其香韵清甜醇和，花香乳蕴，香云凝实，贵气自显。

臞仙神隐香方

藿香、艾叶、丁香、金银花、白芷、石菖蒲，还有紫苏叶、薄荷叶、川芎、茱萸、官桂。

棋楠

棋楠亦称奇南、茄蓝、奇楠、奇蓝、迦楠、迦蓝、多迦罗。

《香乘》引《星槎胜览》载："占城奇南出在一山，酋长禁民不得采取，犯者断其手，彼亦自贵重。乌木降香樵之为薪。"

《本草乘雅半偈》"沉香"条载："奇南一香，原属同类，因树分牝牡，则阴阳形质，臭味情性，各各差别。其成沉之本，为牝，为阴，故味苦浓，性通利，臭含藏，燃之臭转胜，阴体而阳用，藏精而起亟也。"

棋楠的产地与沉香相似，亦为"占城""宾童龙国""海上诸山"等。目前我们已知的棋楠产地包括我国海南岛和越南、柬埔寨、泰国、马来西亚等国。

《香乘》载："其香有绿结、糖结、蜜结、生结、金丝结、虎皮结，大略以黑绿色，用指掐有油出，柔韧者为最。"

《本草乘雅半偈》载："液重者，曰金丝。其熟结、生结、虫漏、脱落四品，虽统称奇南结，而四品之中，又各分别油结、糖结、蜜结、绿结、金丝结，为熟、为生、为漏、为落，井然成秩耳。"

《本草纲目拾遗》卷六"迦南香"条载："陈让《海外逸说》：伽南与沉香并生，沉香质坚，雕剔之如刀刮竹。伽南质软，指刻之如锥画沙。味辣有脂，嚼之粘牙。其气上升，故老人佩之，少便溺焉。上者曰莺歌绿，色如莺毛，最为难得；次曰兰花结，色微绿而黑；又次曰金丝结，色微黄；再次曰糖结，黄色者是也；下曰铁结，色黑而微坚。皆各有膏腻，匠人以鸡刺木、鸡骨香及速香、云头香之类，泽以伽南之液屑伪充之。"

棋楠较沉香气味有所不同，其香气穿透性更强，花香层次感更为丰富。从质地上看，棋楠也较沉香软，上品的棋楠在口中嚼过之后基本能全部化掉，木质感很小。

除天然野生棋楠外，目前也有人工种植棋楠，味道上仍是野生棋楠香气更胜一筹，层次更丰富且强度更高，感觉更为清妙。

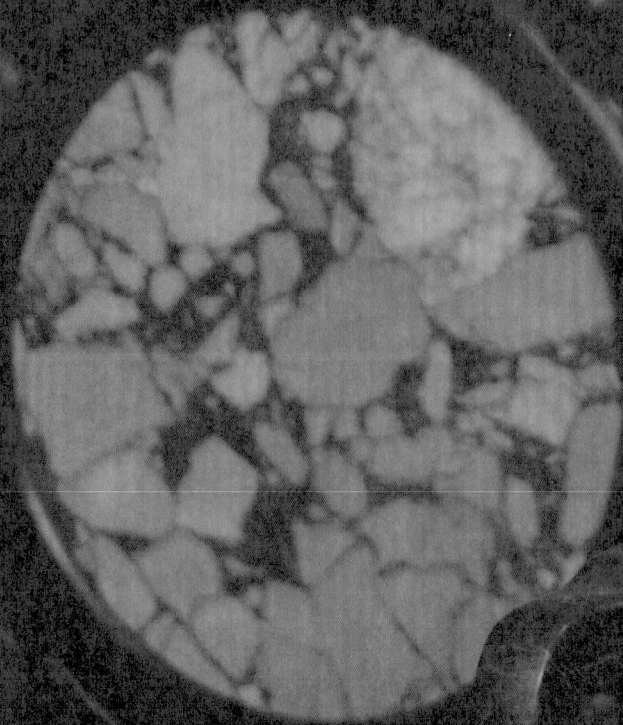

【清寂·寒素枯涩】

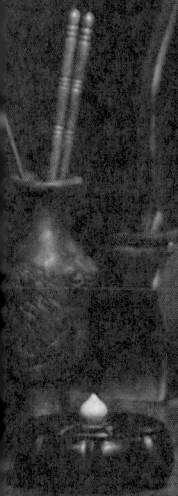

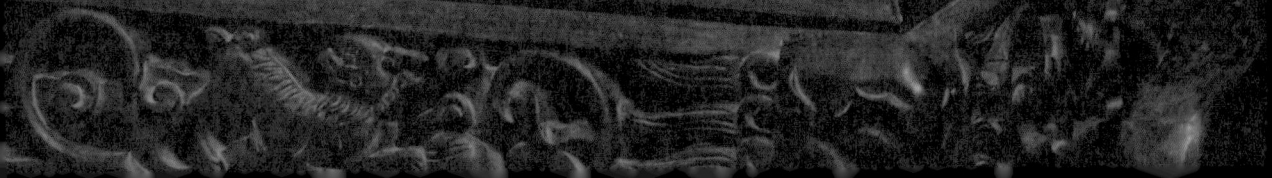

"若乃宇宙澄寂，八风不翔。"

原石枯木，虫鸣鸟啼，日月星辰，风晴雨露，皆生自天地，亦归于自然。它们穿行于时空的无限帷幕，舒卷于无极之中，纯粹素净，寂寂无言。

炉石十六品之清寂，不在凡常世界，多在荒崖野壑。好似于茫茫天际间踽踽独行，仰望苍穹，便可目视千古；俯瞰大地，便可勘破厚土。不粘不滞，苍茫寂历，得见"寒素枯涩"之意境。

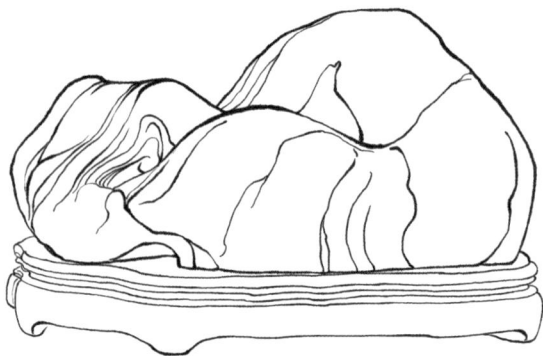

诗
心

早秋单父南楼酬窦公衡
唐·李白

白露见日灭，红颜随霜凋。
别君若俯仰，春芳辞秋条。
泰山嵯峨夏云在，疑是白波涨东海。
散为飞雨川上来，遥帷却卷清浮埃。
知君独坐青轩下，此时结念同所怀。
我闭南楼看道书，幽帘清寂在仙居。
曾无好事来相访，赖尔高文一起予。

炉石十六品之清寂，在意不在形。清，为清洁之意；寂，为安静之意，故清寂有清静、寂静之感。

宋元以来，文人名士或迷恋独坐苍茫的修行，或追寻远遁山林的避世之所。陶渊明《咏贫士七首·其一》云："万族各有托，孤云独无依。"韦应物《咏声》云："万物自生听，太空恒寂寥。还从静中起，却向静中消。"于孤独之中享清静寂寥，亦是中国文人毕生所求境界之一。

炉石清寂，表达的是一种以孤独和寂静为底色的美，显现的是一种以枯淡和朴素为韵脚的意。

于清寂之中习静参悟，与本我对话，喧嚣尽褪，天地静候，光影洒落于炉石之上，照亮的是最接近于生命本质的灵境。

循
脉

清寂之境

高濂在《遵生八笺》之《高子书斋说》中，具象地描述了何为"文人雅室"："书斋宜明净，不可太敞。明净可爽心神，宏敞则伤目力。"又言书斋用石曰："上用小石盆一，或灵璧、应石，将乐石、昆山石，大不过五六寸，而天然奇怪，透漏瘦削，无斧凿痕者为佳。次则燕石、钟乳石、白石、土玛瑙石，亦有可观者。盆用白定、官、哥、青东磁、均州窑为上，而时窑次之。凡外炉一，花瓶一，匙箸瓶一，香盒（合）一，四者等差远甚，惟博雅者择之。"

唐代诗僧皎然曾有诗云："秋斋清寂无外物，盥手焚香聊自展。"高濂、皎然这般的文人雅士均享受于清寂之境带给自己的怡神静心之妙，他们在此境中哲思、参悟，环境与人合而为一。

炉石十六品之清寂，并非此炉石之形如何奇巧，而是将之置于书房，或置于茶室、香室，焚香其中，造清寂之境，使观者置身其间，格物怀古，散虑忘忧。

香
韵

峒天

宋人用香，从烟、气、味三个层面进行品评，丁谓曾言"味清、烟润、气长"，此句逐渐成为宋人乃至后人品评沉香的标准，而他所作的《天香传》则首创中国香学以海南香为研究本位的体例，并首次对海南香进行了"四名十二状"的分类方式，虽然现在这十二状已不常见全，但我们仍沿用着他提出的那些名称。

除丁谓外，苏轼亦有《沉香山子赋》曰："矧儋崖之异产，实超然而不群。既金坚而玉润，亦鹤骨而龙筋。惟膏液之内足，故把握而兼斤。"在他看来，海南香要优于其他产区的沉香，"顾占城之枯朽，宜爨釜而燎蚊"。

周嘉胄《香乘》亦载："香出占城者，不若真腊，真腊不若海南黎峒，黎峒又以万安黎母山东峒者冠绝天下。谓之'海南沉'，一片万钱。"

是以，从诸家之言，海南香应为沉香之冠。实际上海南香气味"清、雅、凉、甜"，较之其他区域，更有清妙之感。丁谓曰："即席而焚之，其烟杳杳，若引东溟。浓腴湆湆，如练凝漆。芳馨之气，持久益佳。"

以"峒天"此香和炉石"清寂"，以海南黎峒尖峰岭大山料，和合制此一单品海南香。焚烧此香于清寂炉石之中，香与石合，清寂之境天成，而宋时风雅顿现。

海南香

先秦时，中原所用香料多为本土之香材，如兰、茅、蕙、芷、蒿、萧等。至汉代时，张骞通西域，丝路繁盛，而南海诸国亦有香料流入中土。之后各朝均有香料入，沉香即为其中之一。

海南岛从北至南为亚热带交接处及热带，气候为热带海洋性季风气候，年平均气温为22.5~25.6℃，其陆地面积约3.5万平方千米，森林覆盖率高达60%以上，岛内拥有大小山峰六百多座。深山中皆有野生沉香存世，但经数百年以来挖掘、消耗，存世野生海南香已然极为稀有，近些年能得一块上品道地的海南大山野生香已是极为罕见。其中以"尖峰岭""黎母山""五指山""霸王岭""鹦哥岭"的野生香最为著名。

隋唐时就有以沉香为亭、为床的记载，更有隋炀帝为庆除夕焚数十车沉香的故事。而最早关于海南香的记录可追溯晋时《述异记》云："香洲在朱崖郡，洲中出异香，往往不知名，千年松香闻十里，亦谓之十里香也。"

北宋时，宰相丁谓晚年时同雷允恭因先帝陵寝工程事故，坐"擅移皇堂"罪，丁谓受牵连，被贬为太子太保，后以"丁谓前后欺罔"罪，被贬崖州（今海南琼山）司户参军。他得以亲临沉香产地，对海南沉香进行了系统性品鉴、研究，并作《天香传》，为较早记录海南沉香的文献。该文献奠定了海南沉香的地位，并总结了其特质，如仅在冬日开采，黎母山所产最好之类。其中有对海南沉香分类的"四名十二状"沿用至今。文载："香之类有四：曰沉、曰栈、曰生结、曰黄熟。其为状也十有二，沉香得其八焉。曰乌文格，土人以木之格，其沉香如乌文木之色而泽，更取其坚格，是美至也。曰黄蜡，其表如蜡，少刮削之，黳紫相半，乌文格之次也。曰牛目与角及蹄，曰雉头泊髀若骨，此沉香之状。土人则曰牛目、牛角、牛蹄、鸡头、鸡腿、鸡骨。曰昆仑梅格，栈香也，此梅树也，黄黑相半而稍坚，土人以此比栈香也。曰虫镂，凡曰虫镂，其香尤佳，盖香兼黄熟，虫蛀蛇攻，腐朽尽去，菁英独存者也。曰伞竹格，黄熟香也，如竹色、黄白而带黑，有似栈也。曰茅叶，如茅叶至轻，有入水而沉者，得沉香之余气也，燃之至佳，土人以其非坚实，抑之为黄熟也。曰鹧鸪斑，色驳杂如鹧鸪羽也，生结香也，栈香未成沉者有之，黄熟未成栈者有之。"

海南野生绿棋楠树心　青研香堂藏

海南尖峰岭顶上野生绿棋楠树心　青研香堂藏

【 四名十二状 】

沪上陆晨先生藏品

若骨

雉头

鹧鸪斑

牛目

泊貏

乌文格

昆仑梅格

伞竹格

黄蜡

牛角

茅叶

虫镂

南宋范成大《桂海虞衡志》中"志香"篇载："沉水香，上品出海南黎峒，一名土沉香。少大块。其次如茧栗角、如附子、如芝菌、如茅竹叶者佳。至轻薄如纸者，入水亦沉。香之节因久蛰土中，滋液下流，结而为香。采时，香面悉在下，其背带木性者乃出土上。环岛四郡界皆有之，悉冠诸蕃，所出又以出万安者为最胜。说者谓，万安山在岛正东，钟朝阳之气，香尤蕴藉丰美。大抵海南香，气皆清淑，如莲花、梅英、鹅梨、蜜脾之类。焚一博投许，氛翳弥室，翻之，四面悉香。至煤烬，气不焦，此海南香之辨也。"其中另记"蓬莱香""鹧鸪班香""笺香"皆出海南。

宋代提举市舶司赵汝适著《诸蕃志》曰："沉香所出非一，真腊为上，占城次之，三佛齐、阇婆等为下。俗分诸国为上下岸，以真腊、占城为上岸，大食、三佛齐、阇婆为下岸。香之大概生结者为上，熟脱者次之；坚黑者为上，黄者次之。然诸沉之形多异，而名亦不一。有如犀角者，谓之西角沉；如燕口者，谓之燕口沉；如附子者，谓之附子沉；如梭者，谓之梭沉；文坚而理致者，谓之横隔沉。大抵以所产气味为高下，不以形体为优劣。世谓渤泥亦产；非也。一说：其香生结成，以刀修出者为生结；自然脱落者，为熟沉。产于下岸者，谓之番沉。气哽味辣而烈，能治冷气，故亦谓之药沉。海南亦产沉香，其气清而长，谓之蓬莱沉。"

宋代周去非著《岭外代答》卷七载："沉香来自诸蕃国者，真腊为上，占城次之。真腊种类固多，以登流眉……所产者，香味馨郁，胜于诸蕃。若三佛齐等国所产，则为下岸香矣，以婆罗蛮香为差胜……交趾与占城邻境，凡交趾沉香至钦，皆占城也。海南黎母山峒中，亦名土沉香，少大块，有如茧栗角、如附子、如芝菌、如茅竹叶者，皆佳。至轻薄如纸者，入水亦沉。万安军在岛正东，钟朝阳之气，香尤酝藉清远。如莲花、梅英之类，焚一铢许，氛翳弥室，翻之，四面悉香。至煤烬，气不焦，此海南香之辨也。海南自难得，省民以一牛于黎峒博香一担，归自差择，得沉水十不一二。顷时香价与白金等，故客不贩，而宦游者亦不能多买。中州但用广州舶上蕃香耳。唯登流眉者，可相颉颃。山谷《香方》率用海南沉香，盖识之耳。若夫千百年之枯株中，如石如杵，如拳如肘，如奇禽龟蛇，如云气人物，焚之一铢，香满半里，不在此类矣。"

此中所记载的"山谷《香方》"即为黄山谷所制之香，录于《陈氏香谱》中"黄太史四香"，名为"意和""意可""深静""小宗"，四香皆用沉香，且特别注明为"海南沉香"。黄庭坚爱香，其《贾天锡惠宝薰乞诗予以兵卫森画戟燕寝凝清香十字作诗报之》云："贾侯怀六韬，家有十二戟。天资喜文事，如我有香癖。"毫不讳言地以"香癖"自称。

绍圣四年（1097）文豪苏轼也曾因"乌台诗案"被贬至海南，居此三年。翌年，其弟苏辙六十大寿，苏轼作《沉香山子赋》相赠。彼时苏辙亦被贬于雷州，与苏轼隔海相望。其中言海南香："独沉水为近正，可以配薝葡而并云。矧儋崖之异产，实超然而不群。即金坚而玉润，亦鹤骨而龙筋。惟膏液之内足，故把握而兼斤。顾占城之枯朽，宜爨釜而燎蚊。宛彼小山，巉然可欣。如太华之倚天，象小孤之插云。"苏辙亦作《和子瞻沉香山子赋（并序）》以和，其中云："东坡老人居于海南，以沉水香山遗之，示之以赋。"故而得知，苏轼不但为弟弟作赋一首，还随赋赠送了一件沉香山子作为生辰礼物。

黄庭坚与苏轼，两人既为好友，亦是知己。宋明理学所带来的格物精神兴盛也推进了咏物诗歌的发展。在两人之前，关于香的诗词咏叹并不多，两人聚焦于生活点滴，以香贯穿生活，抒发情感，也将海南香之美展露于世人面前。

十三

【空明 · 虚室生白】

"瞻彼阕者，虚室生白，吉祥止止。"

石之空者，非虚非缺，有山，有壑，有蹊径九曲，有幽香一缕。有空空如也的孔圣，有虚怀若谷的老庄，有"质本洁来还洁去"的米元章，有超逸疏俊、倾荡磊落的苏东坡。

炉石十六品之空明，"意象在六合之表，荣落在于四时之外"，是处于有限时空内，得游刃尺度与心灵慰藉，宛若虚室生白，其白之处，却有万物存焉。

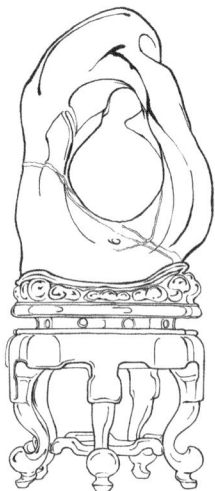

**诗
心**

送琴士瞽者张伯源游东浙

元·曹伯启

灵台寂寂湛空明，万古青山只么青。
不待有弦知律吕，会从无极辨仪刑。
世间五色真盲晦，云底三辰未杳冥。
闻道东游多胜赏，草堂回首似兰亭。

炉石十六品之空明，取实中有虚且贯穿其间者。石体中空似心中若虚，透光而过似心中之明。与抱月之品相比，其中"虚"处却并不似云。

石之空明，似人之心性洞彻。以有形之物释无形之思，观者可从香云幽渺间自得其意。

清代郑燮有《范县署中寄舍弟墨第三书》："诚知书中有书，书外有书，则心空明而理圆湛，岂复为古人所束缚，而略无张主乎！"此处空明指心性洞彻而灵明。

《康熙字典》释"空"，曰大也、尽也、天也、缺也、虚也、地名、山名、官名、拜名、乐器名、狱名。释"明"，曰亮也、清也、显也、知也。

虚寂生智慧，空旷见明朗。

空明之美，美于纯粹、清澈、简洁、包容，"虚而不屈，动而愈出"，方有"无画处皆成妙境"。

透空万千

中国古代建筑中窗的设计有很多种，其中一种没有窗棂仅有窗洞的形式，叫作月洞。月洞大而为门者称月洞门，小而为窗者称月洞窗。清代李渔所撰《闲情偶寄》中言借景之法，乃"四面皆实，独虚其中，而为'便面'之形"。"纯露空明，勿使有纤毫障翳。"

计成《园冶》中亦有言："构园无格，借景有因。切要四时，何关八宅。林皋延竚，相缘竹树萧森；城市喧卑，必择居邻闲逸。高原极望，远岫环屏，堂开淑气侵人，门引春流到泽。嫣红艳紫，欣逢花里神仙；乐圣称贤，足并山中宰相。"

借景入园，引景入室，仅以一窗即可实现。其中中空，是无；透空而见万千，是有。有无之间，是为空明。

在空间陈设上，炉石空明亦可陈设于人与景之间，观香云叠起，隐约间又显物外天地，于空间内更添几分雅意。

近些年室内空间设计中亦有诸多"文人空间"的实例，大到结构与功能布局，小到一桌一椅一花一木，都体现了传统文人处世哲学中"韬光养晦、和而不同"的理念。

文人香事

文人精神是随着文人地位的提升而逐渐成为社会主流的。隋唐以来，科举兴起；至宋时，皇室重文轻武，文人地位更高；明清时，社会相对稳定，文人雅事良多。

陆游曾有《晨起》诗曰："初日破苍烟，零乱松竹影。老夫起烧香，童子行汲井。"焚香亦是陆游一天的起始。

宋明时，儒释道三教均有长足发展，焚香这种能使人入静的方式，就成了他们习静参悟时所需。明代时，中国古代社会经济高度发展，农业、手工业、商业均极为发达，在这种强大的经济支撑下，文人生活也丰富而清致。

万历年间，周嘉胄集成《香乘》，屠隆作《考槃余事》，高濂著《遵生八笺》。崇祯年间，文震亨作《长物志》，及编者不详的《墨娥小录香谱》《晦斋香谱》《猎新香谱》等。

其中《香乘》为香学集大成之作。书中涉及香与香料有关的史、录、谱、记、卷、志等文献总结，除了综合性的罗列，又突出重点。即使到现在，《香乘》仍能对当今的香事有极大的参考价值。

高濂的《香论》、朱权的《焚香七要》等书不仅对晚明到清代的文人香事产生了较大的影响，同时还对日本香道的发展产生了较大的影响。日本享保十八年（1733）杏熏堂刊印的香道典籍《香志》，其内容大多摘录自高濂的《遵生八笺》。

《孔子家语》亦云："与善人居，如入芝兰之室，久而不闻其香，即与之化矣。"

香
韵

柏子香

炉石有两种用法，焚香时为香炉，品香观云；不焚香时亦为一置器，观形赏意，两法皆可使人静。文人爱松，称松竹梅为"岁寒三友"，取其君子之意。黄庭坚有《松风阁诗帖》曰："老松魁梧数百年，斧斤所赦今参天。"松之意象为古今文人所推崇。

空明之品炉石，与松柏之香甚合。焚香时可选柏子香，增加其静意与文人气韵。《陈氏香谱》卷三"柏子香"条载："柏子实（不计多少。带青色，未破未开者），右以沸汤焯过。细切以酒浸，密封七日，取出阴干烧之。"

仲秋之间取约芡实大之柏子，如同天然香丸，其状浑圆，其质饱满结实。而制作柏子香必须以一定的法度进行。

其法一：新鲜柏子以沸水烫过，阴干后置于洁净瓷罐或瓷盒之中。此法以沸水去新鲜柏子的燥烈之气，爇之，满室柏香。或久藏后以隔火熏之，味清淡而有幽致雅趣。

其法二：依《陈氏香谱》之法，此法称为末香焚香法。新鲜柏子以沸水去其燥烈之气，切为碎末，阴干后置于洁净瓷罐或玻璃罐中，以低度黄酒并加入适量蜂蜜浸润，避光密封七日，取出后阴干散去酒味，储于香盒之中。爇之，烟霞浓郁，香韵醇甘，香久而不散。以隔火熏之，则有高古清逸、恬淡出尘之感。

另参考《陈氏香谱》所录"黄太史清真香"及《香乘》所录"禅悦香"，将上述香方之香意调试和合，得"柏子香"。其中所用香材乃柏子、沉香、海南降真香、广藿香、安息香、龙脑。其香明净清寂、古朴幽远，乃香中之静谧清幽者也。

十四

【玄藏·须弥妙藏】

"玄之又玄，众妙之门。"

由表及里，由浅入深，由白而黑，由显相入隐冥，由宏大入幽微，由瞬间而永恒。心藏万象，万象推心，物我默会于这玄妙的跃迁之中。

炉石十六品之玄藏，是近观的巍巍巨兽，亦是远观的灵府洞天。它于须弥之中暗藏玄机，于深远之中隐喻太朴，得入深处，不知往返，方至"包含道德，构掩乾坤"之妙境。

诗心

贺圣朝·洞天深处

元·丘处机

洞天深处，良朋高会，逸兴无边。

上丹霄飞至，广寒宫悄，掷下金钱。

灵虚晃辉，睡魔奔送，玉兔婵娟。

坐忘机、观透本来真，任法界周旋。

炉石十六品之玄藏，表面或孔洞遍布，或平滑润泽，但其中隐藏一大空间，若洞天福地。焚香其间，仙气蒸蔚，外则不现，玄在内藏，内有玄机，是为玄藏。

玄在中国传统文化中是很重要的一个概念，老子曰：玄之又玄，众妙之门。高注："淮南子曰：'天也，圣经不言玄妙。至伪尚书乃有玄德升闻之语。'"玄的意思极为广大，尤其在道家思想中，玄意指天道，贯穿始终。

藏，隐匿也，收藏、储积，又有遮盖、隐瞒之意。大隐隐于市，小隐隐于山林，隐之为何？无非是寻求更高层次的精神自由。

炉石玄藏之意，由东汉张衡《玄图》中得窥一二："玄者无形之类，自然之根；作于太始，莫之能先；包含道德，构掩乾坤；囊龠元气，禀受无形。"

既玄且妙，亦隐亦藏，隐于可通达另一天地的一方空间，玄藏也。

神游于内

　　玄藏之品，既是思绪可外放之所，又是以物遐思的媒介。

　　这是一种极为内敛的情绪，亦是中国文化中最重要的一个点。内敛并非保守，也并非对外界的冷漠，内敛是一种选择，内秀于心，藏拙其外，君子所为。观玄藏之品炉石，自可得此意境。

　　石皆历经千万年，因各种机缘，由无数的琢磨方成。赏石文化，本就是以一种内敛的思维在看待石头本身。"石不能言最可人"，自古文人雅士喜好寄澄怀于拳石，以文心诗意赏石之峻峭清奇、秀丽灵动、古朴自然。虽石不能言，但观者有心，人才是赏石的主体，石只是媒介。

　　庄子曰："水静犹明，而况精神！圣人之心静乎！""夫虚静恬淡寂寞无为者，天地之本而道德之至。""我心常静，则万物之心通矣。"

　　若非圣贤，很难做到自我的清静，人们还是需要依靠环境和外物来让自己清静下来。焚香、观云、赏石，这些方式和途径都能有所助益。

　　炉石十六品之玄藏之品，其中有空间，而空间中又有穴窍，似一通道，又似一小世界之入口，所谓"玄"在此中"藏"也。将另一世界入口呈现于此，观之，亦可神游于内，连接到另一方天地。

香
韵

玄藏

藏地之用香由来已久，自唐时佛法传入藏地，便有了"香花礼佛"之仪，并形成了藏地香品的独特风韵。宋《梦粱录》卷十三载，南宋都城临安市上即有售藏香。又据藏地文献载，制香之法源于莲花生大师，然古方传承如何不得而知，唯清宫档案记录了一些由江宁织造进贡藏香的香方。

当代藏地用香皆以藏香柏为基香，用藏木香、印度旃檀、甘松、吉祥草、藏杜鹃叶、豆蔻、小茴香等和合，然汉地僧俗多不习惯此香。

"玄藏"此香是拟清宫所遗藏香方，参考藏传本草宝典《医法月王论》《蓝琉璃》等。原方中有伽楠香、海南蓬莱香等，现今贵甚，无复入香。今以海南上等降真香为基香，合以印度白檀、越南芽庄沉香、青海甘松、印度尼西亚丁香、龙脑香、安息香、乳香、陵零香、黑笃蓐等，亦可和炉石玄藏之品。

降真香

汉代道家典籍《列仙传》言降真香："拌和诸香，烧烟直上，感引鹤降。醮星辰，烧此香为第一，度功力极验。降真之名以此。"这一段也被《香乘》引证。

降真香的产地是在"南海山中"，"广东、广西、云南、安南、汉中、施州、永顺、保靖及占城、暹罗、勃泥、琉球诸番皆有之"。"出三佛齐国者佳"，"南巫里其地自苏门答剌"。虽然《香乘》中说了这么多产地，但随着千百年来生态环境的变化和人类活动的增加，事实上现在的产地要比《香乘》所写少了一些，目前的主产地是海南、缅甸等地。

如何分辨降真香？《香乘》只有一句"紫而润者为良"。而《遵生八笺》中亦有"降真香紫实为佳"。好的降真香一定是密度较高，即实，颜色偏紫色。而作为香料，最重要的还是味道。所以拿到降真香，一定要以味道判断，而不是纯粹靠外形。

降真香亦有鸡骨香、紫藤香的称呼，和沉香、棋楠等相类似，都是偶然结香。当受到外力作用的影响，其本体会分泌香脂来修复受伤部位，于是经年累月形成降真香。其树种为豆科木质藤本，但不是所有的树受伤时都会结香，还必须有特殊的微生物共同作用。降真香的味道中一个很重要的标志是椰奶香，其余还有很多复合的味道，甚为玄妙。

十五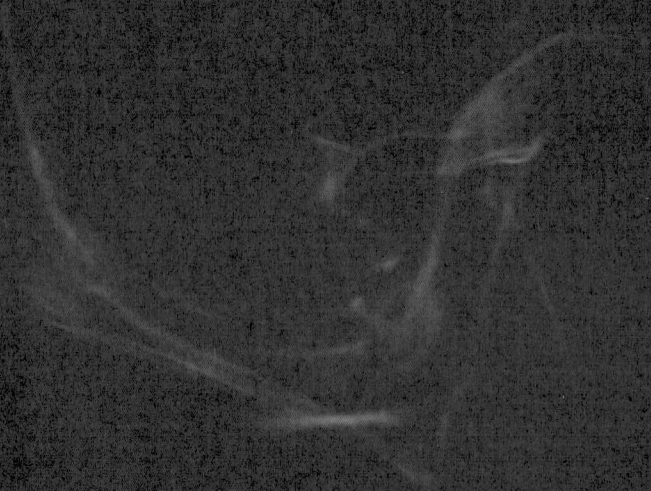

【般若·云出法随】

"是诸法空相，不生不灭，不垢不净，不增不减。"

炉石十六品之般若，在空旷中蕴一颗超出物外的心，在宁静中得一双勘破表象的眼，自他兼利，同登彼岸，于澹然无极中轻叩生命的本真。

诗
心

菩提偈	菩提本无树，明镜亦非台。
唐·惠能	佛性常清净，何处有尘埃。

炉石十六品之般若，自然天成，并非人为掘凿。香云从底部而起，龛内盘旋，乃生薄纱之感，浓淡相间。凝神观之，似佛陀跌坐龛内，云出法随。

般若，意为智慧，指通过修习八正道、诸波罗蜜等，从而显现出来的真实智慧。明见一切事物及实相之理的甚深智慧，即称"般若"。

大乘佛教将"般若"称为"诸佛之母""菩萨之师"，要想度脱轮回的苦海，到达解脱涅槃的彼岸，唯有般若方能办到。

唐代高僧大珠慧海禅师的《顿悟入道要门论》曰："青青翠竹，尽是法身；郁郁黄花，无非般若。"

宇宙之间，森罗万象，所有有相的东西，都是从我们自性的妄念中显现出来的，此妄念即般若，亦是我们的自性法身。

观炉石般若，观的是人之自性，并由此得见宇宙之森罗万象。

无佛之龛

佛教具体传入中国的时间，史学界有几种不同说法，但基本认为当年那些僧侣是通过丝绸之路进入中原的。

彼时的丝路远没有现在这般安全，一路上有广袤的草原、耸立的群山、无尽的沙漠和戈壁，还有各种异族部落、食人猛兽。僧侣跟随商队，或结伴前行，一路历经生死，抵达了中原大地。这一路上的坎坷经历增添了他们对生死及天地大道的感悟，亦使佛法的弘扬更具意义，也许这也是佛教能在中原获得广泛传播的因素之一。毕竟，历经痛苦，才得见天地。

至隋唐五代时，佛教兴盛，甚至连不少的权贵、皇帝都深信此道，也因此带来了不少印度和西域地区的用香方式和异域香料，极大地丰富了中原的传统香事文化

七胶香

《苏悉地羯罗经》卷上《分别烧香品·十》曰："龙脑、乾陀啰娑、娑折啰娑、薰陆、安悉、萨落翅、室利（二合）吠瑟吒（二合）迦，此七胶香，和以烧之，遍通九种，复此七香最为胜上。"

佛龛最早便是安置佛像的器物，龛原指掘凿岩崖为空、安置佛像之所。印度之阿旃陀，埃洛拉，我国莫高窟、云冈、龙门等石窟，四壁皆穿凿众佛菩萨之龛室。

炉石般若，虽无佛像在内，但佛龛的形、意俱全，其成因或许是水和岩石的相互作用。以戈壁石为例，在岩石形成时，空气进入形成空洞；或是一些质地松软者，因长年腐蚀，最终形成空洞，形如佛龛。太湖、灵璧、英石、墨金石、戈壁石乃至戈壁硅化木，均出此品，形色各异。

莫高窟

莫高窟始建于十六国时期，僧人乐尊在前秦建元二年（366）的一天路过此地，忽而见金光闪耀，如万佛临世，于是受佛感召，在岩壁上开凿了第一个洞窟，后来法良禅师又继续在此建洞修禅，并称其为"莫高窟"。后来的北魏、西魏、北周政权，因其统治者崇信佛教，开始大规模在此兴建一个个佛洞。到了隋唐时，丝路繁盛，莫高窟更是成为旅人的重要落脚点，他们在此朝拜，祈求一路上的顺利安全。

莫高窟现存洞窟735个，其中拥有壁画、造像、建筑的艺术洞窟达492个，而这些洞窟其实就是大一些的佛龛。

莫高窟出土的壁画中，有大量关于佛门用香的场景描绘，其藏经洞中还出土了几款佛门香方。

香品"般若"以唐代洛阳龙门佛塔遗香为香韵之本，依佛典《苏悉地羯罗经·分别烧香品第十》所载香药及和合仪规，参考北宋洪刍《香谱》"唐化度寺衙香法"、南宋陈敬《陈氏香谱》"唐开元宫中方"等唐代香方。

其香取我国海南、香港，以及越南的野生沉香碾粉，加以白檀合和制为线香般若。

唐化度寺衙香
白檀香五两、苏合香二两、沉香一两半，
甲香一两煮制、龙脑香半两、麝香半两，
右香细剉，捣为末，马尾筛罗，蜜搜和得所用之。

唐开元宫中香
沉香二两细剉，以绢袋盛，悬于铫子当中，勿令着底，蜜水浸，慢火煮一日，
檀香二两，清茶浸一宿，炒令无檀香气味，龙脑二钱另研，
麝香二钱、甲香一钱、马牙硝一钱，
右为细末，炼蜜和匀，窨月余，取出旋入脑麝，丸之，爇如常法。

檀香

《香乘》卷二载《草本集》："李杲曰：白檀调气，引芳香之物，上至极高之分。"

檀香，为沉檀龙麝四大香之二，足可见其地位。而檀香亦分白檀、黄檀、紫檀等。

《本草纲目》载："檀，善木也，故字从亶，亶，善也。释氏呼为旃檀，以为汤沐，犹言离垢也。番人讹为真檀。云南人呼紫檀为胜沉香，即赤檀也。"

《楞严经》曰："白檀涂身，能除一切热恼。"

檀香以产地分为老山檀香及新山檀香。老山檀香出产地主要是印度，而新山檀香则产于马来西亚、印尼、泰国、澳大利亚、斐济等。其中印度出口檀香木约为全球出口量的七成。

《大唐西域记》卷十"十七国"载："（秣罗矩吒）国南滨海有秣刺耶山，崇崖峻岭，洞谷深涧。其中则有白檀香树、旃檀你婆树。树类白檀，不可以别。唯于盛夏登高远瞻，其有大蛇萦者，于是知之，犹其木性凉冷，故蛇盘也。既望见已，射箭为记，冬蛰之后，方乃采伐。"

叶廷珪《香录》载："气清劲而易泄，爇之能夺众香。"

上好的白檀带着一点淡淡的奶香味，相比于紫檀等，白檀的味道更为雅致。檀香温和，香气醇厚、宁静、内敛，稍带一丝丝的苦味，其香也很有穿透性，且留香时间比较持久。

十六

【太和・和光同尘】

"中也者，天下之大本也；和也者，天下之达道也。"

位天地，育万物。山野峭壁之奇石，历经千万年方成，诗人荒天古木里的咏叹，画家苍茫寂历中的创造，为它们荡却外在遮蔽，织就出一幅幅妙化不息的光影。

炉石十六品之太和，混同大道，超越是非、得失、分辨，超越亲疏、利害、贵贱，和其光，同其尘，获得"明月、清风、我"的生命真性。

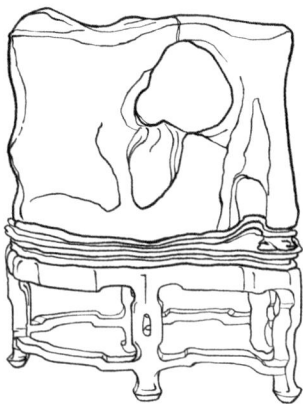

诗
心

和贾舍人早朝大明宫之作
唐·王维

绛帻鸡人报晓筹，尚衣方进翠云裘。
九天阊阖开宫殿，万国衣冠拜冕旒。
日色才临仙掌动，香烟欲傍衮龙浮。
朝罢须裁五色诏，佩声归向凤池头。

炉石十六品之"太和"，取石形中所现中正平和、稳定和谐之意向，以造太和之境。太湖、灵璧石中其形稳，虽稳重而不呆板；其中有孔，虽玲珑而不羸弱，自呈中正平和者，皆可入此品。

"太和"者，一为"太极"，二为"和合"。"太极"象征着天地之间的最高原则和根源，代表着万物的创造和发展；"和合"则强调要协调各种对立面之间的关系，从而达到和谐共存的状态。《周易》云："乾道变化，各正性命，保合太和，乃利贞。"

"太和"，曾是明清皇宫里最核心建筑殿堂的名称，明清时期的二十四位皇帝都曾在后世被称为太和殿的大殿内举行过很多盛大的典礼，如登基、大婚、册封皇后、御令将士出征等。每逢重大节日，皇帝也会在太和殿接受百官的朝贺，并赐宴于王公贵族及大臣们。清代初期，太和殿还曾举办过新进士的殿试。

以"太和"命名宫殿，是希望国家治理有序、和谐稳定，皇帝能以中正平和之心治理国家。

以"太和"品赏炉石，则赏自本自根、生生不息、乾坤翕辟之大和谐之美。

天人合一

《道德经》有云："大成若缺，其用不弊。大盈若冲，其用不穷。"阴与阳、虚与实、缺与盈、天人合一、阴阳调和的状态在这方太和炉石中体现得更为直观。

"天人合一"是道家哲学中一个重要的观念，它强调了自然与人之间的和谐关系，提倡自然、平衡和对内在潜能的追求。

韩拙《山水纯全集》中"论石"有云："夫画石者，贵要磊落雄壮，苍硬顽涩，矶头菱面，层叠厚薄，覆压重深，落笔墨坚实，凹深凸浅，皴拂阴阳，点均高下，乃为破墨之功也。"其虽在论画石技法，亦是赏石之标准。

将赏石形状的嵌空多姿、表面纹理细致、质地坚润，及相较于庭院石的体量缩小作为其审美取向，亦是一代代文人在赏石的过程中逐渐形成的。

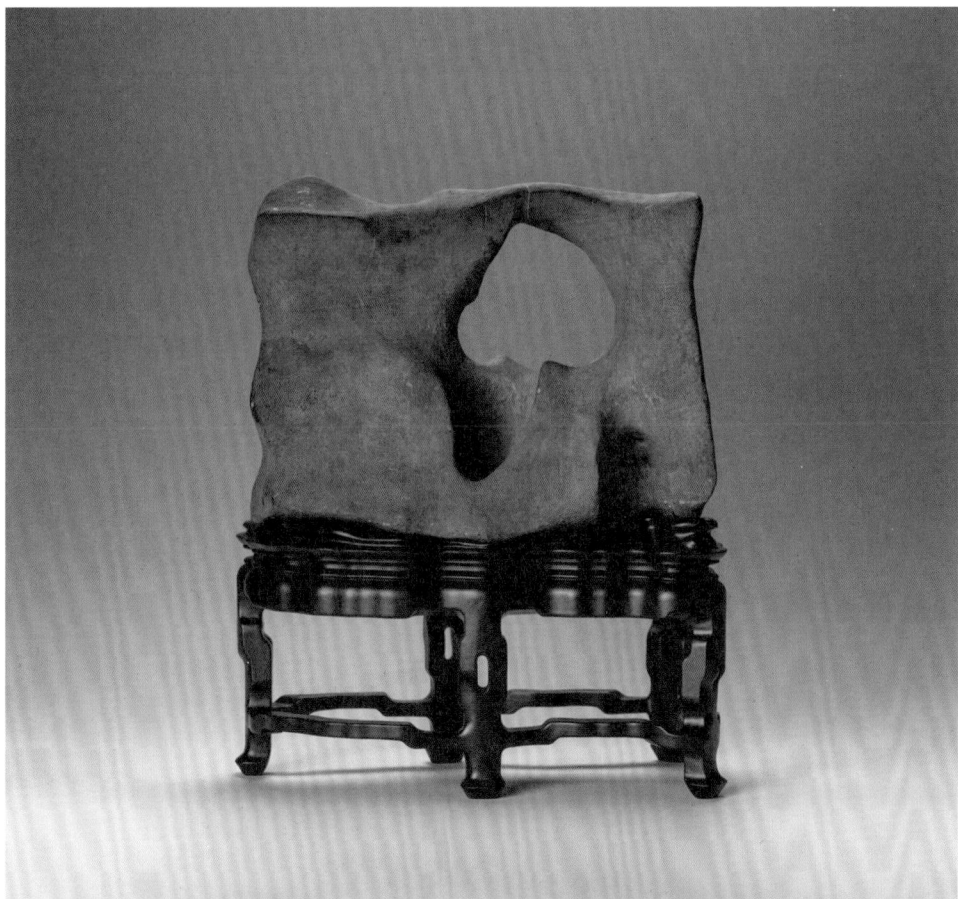

清宫遗石

清乾隆帝作为一位饱受中国传统文化熏陶的君王，在对待观赏石方面有着同当时文人士夫一样的审美趣味。他爱石，但早已超越了宋徽宗对祥瑞和审美的追求，无论是置于庭院的大型石，还是置于书房、案头的文人石，抑或是瀚海石子及其他各类赏石。即使今日，除了能在故宫看到的那些庭院赏石，还有很多"清宫遗石"传世。

炉石太和，和清宫、和这乾隆帝最是合拍。在紫禁城御花园中就有一块扁方体赏石"御苑赏石·御十一"，其石呈肉黄色，其上纹路复杂，它的形状规整、表面平滑、温和中正的调性与常见的庭院石相差很大，反而有一种"中正平和"的韵味。

清代实行贡物制度，各行省、蕃部、海外诸国都对皇家朝贡。清代土贡与前朝均不同，不再由地方无偿上贡，而是按价收取，也就是有偿的。很多香料随着进贡进入国内，而国内一些优质的香材也从产地被运送到江南、北京等地。文人雅士们也能有机会接触到更多的香料，因此，他们更加日常、深入地使用香，用香得到了极大的普及。上行下效，皇家用香材制成的念珠、朝珠、香牌等物，也随着赏赐到了官员和文人手中，他们亦收藏相应的香材和成品。《红楼梦》中就曾描写了关于宅门用香、赏石的相关内容，足见当时从皇宫内院到达官贵人都有这样的习惯。

清 孙温《红楼梦图册》（元妃省亲） 旅顺博物馆藏

　　《红楼梦》第十八回元妃省亲中描写贾府在香事布置上尤为重视，元春还未曾到府，大观园就已经"鼎焚百合之香，瓶插长春之蕊，静悄悄无一人咳嗽"；元春到时，"又有销金提炉，焚着御香。……只见园中香烟缭绕，花影缤纷"。元春进入行宫时，"只见庭燎绕空，香屑布地……鼎飘麝脑之香，屏列雉尾之扇"；当元春赏玩大观园，来至寺庙前时，"忙另盥手进去焚香拜佛"。

暄和

在《陈氏香谱》中，二十八款名为龙涎的香方，仅有三款加入了龙涎香香料。其中大部分香方中并无龙涎香香材加入，那些和合的香方，旨在调和出天然龙涎香的香韵，而龙涎香韵，正是帝王之气韵。在这些香方中，沉香多为主要香材，辅以檀香、龙脑、麝香诸香，调和其贵气。

今参考《陈氏香谱》《香乘》中各龙涎香方，重新和合调试，并选用老惠安沉香、海南栈香、老熟龙涎、马来龙脑、大甲香、苏合香等，榆皮粉为粘剂，复窖藏醇化半载。焚之香气恬静幽远、沉稳润厚、香韵清逸，余香数日不散。

此方拟宋代龙涎古方，又以数十克老龙涎入料，故香名为"暄和古龙涎"。柳永有词曰："暖律潜催，幽谷暄和，黄鹂翩翩，乍迁芳树。"暄和有暖意，而此香合醇化之后，细品之亦有暖意，正应"暄和"之名。

叁

石质四种

一、灵璧石

灵璧石产自古宿州灵璧县，今安徽省灵璧县，隶属于玉石类的变质岩，为隐晶岩石灰岩，由颗粒大小均匀的微粒方解石组成，因含金属矿物或有机质而色漆黑或带有花纹。

灵璧石按形态、质地、声音、颜色、纹理有多种细分，主要为以下9种。

灵璧磬石

又称"乐器石"，由于其质地坚硬，共鸣效果好，因此被用来制作磬、钟、鼓等乐器、礼器和法器等。

灵璧纹石

又称"画石"，是指具有独特纹理和图案的灵璧石。这种石材可以用来制作各种艺术品，如屏风、石雕、印章、文房四宝等。其石皮常有变化丰富、深浅不一、凹凸有致的龟纹、回纹、斗纹、云头纹、流水纹、钟鼎纹等石纹。

关于纹石之成因，科学界有"潜水碎屑滑动"和"石质差异，地液侵蚀"两种说法，至今仍有争议。

灵璧彩石

灵璧彩石色彩艳丽、变化丰富。其中单色彩石有红、黄、紫、白、雪山白、雪花白等多种。当石上有双色或多色即被称为五彩灵璧石，其石娇而不浮，艳而不妖，石态变化多姿，石质或粗而古朴，或细而坚润，光彩可人。

灵璧图纹石

此石多为大小不同或品种各异的海藻化石与不同色质的岩石附生一体，并形成色差明显、色调多变、图文丰富、格调文雅的纹饰图案。

灵璧莲花石

此石因其形态沟壑、纹理似荷花瓣而得名，因风化程度不同，石体凹凸有致，状如莲花，且峰峦均为竖纹，山脚则为横纹，构成了莲花般的山形石。

灵璧架子石

又称"框架石"或"骨架石"，其中空洞交错、骨架相连、变化多端、清秀空灵，类似太湖石。

灵璧架子石表皮略显干燥，色较杂乱，多为黑灰、浅黄，或杂似砂岩，质地不如其他石种坚硬苍润。但其造型空灵，大框架中布满洞穴弹窝，颇有"瘦、漏、透、皱"之感。

灵璧塔形石

又称"塔婆灵璧石"，为层叠石种，因形似宝塔而得名。塔形石多与片状火疙瘩石为伴，并以此为塔形层次，突出塔形之外，似宝塔飞檐，层数多为三至多层，以"七级浮屠"为上品。塔形石多为灰白赭黄相间，黑白相间者较少，质地较为粗糙。

灵璧木纹石

此石因表皮纹理酷似木纹而得名，分为正黄、姜黄、青黄、灰黄、橘黄等数种颜色。纹理外有粉状色层，稍作刷理即现石质石纹，鲜艳俏丽。有饱满圆润者，亦有嶙峋蟠螭者。或抽象，或象形，或为山形。

灵璧灰黑方柱石

该石种形如四方立柱，上灰下黑，或上黑下灰，偶有左右灰黑者。层次分明，大小不等，比例不均。石皮多附有细蛐蟮黑海藻纹或缠枝、梵文、图案等，此石种储量较少。

灵璧石产地分布

灵璧县渔沟镇

在灵璧县附近，灵璧石有七大产区，这七大产区位置接近，同属于徐宿丘陵山区，地质结构相似，岩石成因一致，年代也一致。而且这几个产区与灵璧县接壤，磬石、彩石等都有出产，各有姿态，故而受到收藏界的一致认可。

渔沟镇是灵璧石的原产地和主要产地。当地出产磬石、纹石、白灵石、彩石、珍珠石和莲花磬石。

宿州埇桥区褚兰镇

褚兰镇隶属宿州市埇桥区。当地出产蚰蜒石、雪花白灵石、堡垒石、磬石、图案石、千层石、彩玉石、莲花石、皖螺石、黄筋石、布丁石、火红石等，其中彩石尤佳。

徐州铜山吕梁产区

吕梁、伊庄等地是徐州的主要产石区，产于吕梁境内虎头山、牛山、雾山、大黑山、花山、鹅山、红山等诸山峰上及山坳之间。其中伊庄彩石最多，也产吕梁石和磬石。

铜山区郭集产区

铜山区郭集的鹿台村、土龙村一带出产黑白道石、彩石、磬石、大型景观石等。

邳州市占城、八义集产区

邳州市南部的占城镇及八义集镇主要产磬石、纹石、五彩图纹石、条纹石、白玉石等，并且有丰富的大型园林石资源。

铜山区魏集产区

铜山区魏集主产皖螺石，其所产之石不仅量大而且石质玉化，色彩丰富。另有木纹石、磬石出产。

泗县产区

位于安徽东北部的泗县境内的老山、马场山有大量灵璧石产出。泗县与灵璧县接壤，有大量的把玩石、案头石、厅堂石、园林石出产。色彩以黑色、黄色、红色为主，多种色彩同时出现。

二、太湖石

太湖石为中国四大名石之一，分类繁复，此仅根据石质及出产情况分为水石、旱石、水冲石和类太湖石四类。其中水石、旱石、水冲石皆以产自太湖区域为准，而类太湖石则有诸多产地。

水石

太湖水石产于苏州洞庭西山周边太湖水域中，经过湖水长年累月的冲刷，凭借其本身坚硬的石质特性，形成了具有浮雕状的硅质岩结构。湖波抚摸，湖浪冲撞，暗流侵袭，石体被湖水"雕琢"出一个个天然的洞穴，且洞洞相通，玲珑秀美。其石表大多带有水浪、鱼鳞纹状的肌理，变化多端。水石尺寸较旱石而言要小巧得多，多出案头石、把玩石等，大尺寸者甚少。

旱石

旱石以产于苏州洞庭西山、宜兴一带为佳，又以鼋山和禹期山最为著名。太湖旱石一般大中型、小型皆有，其中大中型者是中国古典园林中使用最多的石料，或单独立峰，或叠为假山，具有很强的表现力，是古典赏石审美的突出代表，也是园林置石的首选石种，而小型者亦多用于案头、把玩。旱石是4亿年前形成的石灰石在酸性红壤的历久侵蚀下形成的。相对来说，旱石形虽也奇特，但孔洞的连缀稍少些，石质较水石枯涩，周身的棱角较分明，不如水石圆润。石色有黄、白、红、黑、灰之分，黄石较多，黑石少见，纯白者为最佳。

水冲石

据明代林有麟《素园石谱》记载："平江（今苏州）太湖工人取大材，或高一二丈者，先雕置于急水中舂撞之，久之如天成，或以熏烟，或染之色。"

这种再加工石并不会在雕琢后直接上市，还要回到水中以水流"舂撞"之，经年累月形成自然之感，更有"父辈凿之，子孙取之"的说法。经过人工雕琢的太湖石，一般会取大中型者，近年来亦有取小型者。

类太湖石

经过唐宋诸代，太湖周边的水石与旱石大量被开采，质地优良的太湖石已难觅踪迹，而中国碳酸盐岩分布很广，在适宜的构造、岩石和水文地质条件下，均可寻找和开发到类似江苏所产的太湖石。广西产类太湖石，有一种称为"墨太"，其石质坚实，呈墨色，亦有可爱者。

太湖石产地分布

现今所讲太湖石，其概念较古时扩展较多，故产地并不只局限于太湖周边，而是南北皆有出产。

北京及河北

北京房山太湖石也称北太湖石，产于北京房山周口店地区。其具有太湖石的窝、沟、环、洞的变化，多有密集的小孔穴而少有大洞，质地坚硬。因为大部分埋在土中，且山土多呈土红色、橘红色、土黄色，所以天长日久后其表面呈灰黑色，有一定韧性，外观壮实，浑厚雄壮。

河北保定唐县一带也有出产，因唐县属于唐尧文化，故唐县太湖石也称"唐尧奇石"。

山东

山东太湖石产地在临朐县五井镇以南的山地丘陵中，也被称为"五井太湖石"。产地以莲花山为核心地区，并沿冶五路（冶源—五井）两侧道路开发较多。当地石农也会在原石基础上进行再加工，并逐渐形成配套建筑产业。

河南

河南的类太湖石主要在安阳龙安区马投涧乡辖内牛家窑、坟凹、高白塔、土洞、冯家桥一带，及南阳淅川县马蹬镇汤营村一带。这一地区的石灰岩在当地酸性红壤的侵蚀下，形成了类太湖石。石色有浅黄、透白、青黑，石质细腻坚硬，手感温润，叩之有声，亦有孔洞。

江苏

江苏省环太湖地区多出产太湖石。如南京市江宁区汤山、青龙山、天宝山及镇江句容一带，出产黄太湖石。黄太湖石质地松软，色泽蜡黄，孔洞缠连。

浙江

太湖石最大的原产地即浙江湖州的长兴县。太湖10%的面积在浙江省境内，除长兴县外，湖州其他地方也有出产。当地可供开采量约7000万吨，并建立了国家地质公园。

湖北

湖北荆门荆山山脉中亦有类太湖石产出，该山脉为秦岭余脉。荆山山脉穿南漳县西部，止于钟祥北山境内。此地出产的太湖石石质稍脆，轮廓凹凸不平，盘古苍劲，变化多端。体形大者一般2至3米，小巧玲珑者约30厘米。造型千姿百态，击而有声，多有孔洞。

湖南

湖南湘西地区也有类太湖石产出，主要在湘西自治州境内花垣、保靖、永顺等武陵山区的溪谷泥沙中。原石多有泥沙状或泥沙结晶体附着物，需要用清水冲洗后方可露出肌理。石色主要有紫红、棕红、姜黄、象牙黄、象牙白等色。全石密布红色丝纹，玉化程度高，色艳纹美，形态奇特，又称龙骨石。

广西

广西的类太湖石主要产自柳州柳江、桂平、合山等地的山上。石色呈灰白色，与传统太湖石中的旱石极为相似。最初发现于柳江，后在都安、马山陆续发现，再后于来宾市忻城县又发现大量出产。

广西多喀斯特地貌，石灰质岩较多，加之适宜的土壤侵蚀，故而产量较大。近年来在越南接壤处山脉亦有出产，此处仍列为广西类太湖石，不再单列越南产地。

贵州

贵州亦多喀斯特地貌，石灰石为主的沉积岩分布广泛。其中关岭花江大峡谷一带所产类太湖石特别有形，南、北盘江中及河流阶地上盛产体量巨大的类太湖石。贵州当地因地质环境和所含成分不同，色泽、石质也略有区别，被统称为黔太湖石。

云南

云南曲靖富源县也出产类太湖石。此地同为喀斯特地貌，且由于开采较少，裸露在地表的石头依然十分完整。富源类太湖石石质坚硬，击而有声，石色多以灰色及黑色为主。

三、英石

英石按形成原因分为阳石、阴石两大类。阳石裸露于地表，长期风化，质地坚硬，色泽青苍，形体瘦削，表面多褶皱，叩之声脆，亦称为花石；而阴石则深埋地下，风化不足，质地松润，色泽青黛，其间有白纹，形体漏透，叩之声微，形似太湖石。采集英石的过程中，部分阴石深埋地下，具有石根，难以完整挖出，因此需要用到切、割、钻等方式。但这些方式会导致裂痕出现，因此一块具有多种欣赏角度且完整度较高的英石实在难得。根据英石形态又可进行如下分类：

花石

所谓花，是英石表面具有形似雨点落在尘土上形成的小窝。实际是由于英石本身的碳酸钙成分碰到含二氧化碳的水而溶解、流失形成的。英石中的坑、洞、漏，基本都是成于这种原因。而风化、暴冷暴热等天气因素也让这种孔洞、透漏的情况加剧，形成千姿百态的英石。根据花的尺寸，可分为以下几种。

大花石：花的尺寸超过10厘米。

小花石：花的尺寸在10厘米以下，多在1厘米左右。

雨点：花的尺寸小于1厘米，多在3至4毫米，如雨点一般。

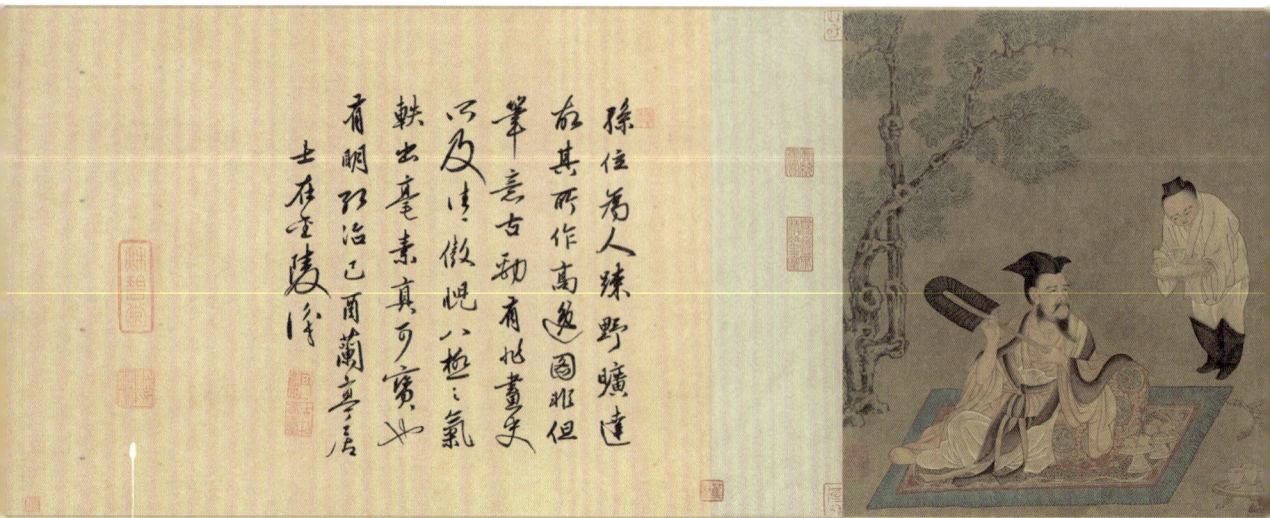

唐　孙位　《高逸图》上海博物馆藏

纹石

英石本身为白色而其中又富含各类杂质，如金属矿物铜、铁等，故部分英石表面形成横竖曲直各类纹路，且色泽为黑、青灰、灰黑、浅绿等。石块之间常间杂白色方解石条纹，根据条纹可分为以下几种。

直纹石：石表面出现纵向纹路。

横纹石：石表面出现横向纹路。

龟纹石：具有如龟壳般纹路，且纹路多为突出。

布纹石：表面呈现布的纹理，纵横交错。

纽纹石：具有曲线纹路，形似纽带。

皱石

英石表面呈现不同褶皱，形成原因主要是地壳运动等地质因素，导致岩层受到挤压，从而使石质出现褶皱、断裂、裂隙、破碎等状态，根据褶皱形态可分为以下几种。

蔗渣皱：形似榨过汁的甘蔗渣。

朽木皱：形似朽木表面质感。

荔枝皱：形似荔枝表面小块凸凹感。

黑白英石

其上层部分呈现黑色，下层则为白色，宛如山峦。山腰云雾缭绕，山顶高耸入云，极其飘逸。

白英石

纯白或偏纯白英石为英石本身颜色，内里未含金属矿物。

水冲英石

英石中的阳石被水或泥石流长时间冲刷、滚动或氧化，外形发生明显变化，出现沟壑等外形特征。由于各地水冲情况不同、水质不同，而致水冲英石的形态千变万化。

平台石

顶部为平面，并附有沟壑，偶有小山耸立，颇有"大场景"之感。

图案石

英石表面因有纹路，并形成一定的象形图案，因此被称为图案石。图案或人，或物，或鸟兽，或风景，不一而足。

禅石

部分英石表面无棱角，或一面平整，其余无棱角，颇具禅意，可谓禅石。

英石产区分布

英石得名于产地英州英山，现广东省英德市。其产出地以历代采集区域分为三大主要区域类型。

古英石产区

即原产地望埠镇英山范围，现为广东省英德市中部望埠镇东10千米处。英山主峰位于同心村东侧，海拔561米，方圆140千米。英山本为石灰石山，由无数松散的板块构成，受暴冷暴热的气候及风雨影响，风化、腐蚀得恰到好处，故而山上多极具形象特点的英石产出。自宋代至今已逾千年，此处上乘英石已很少见，但此地仍为英石的宗源。

近代英石产区

二十世纪初始，石农在英东的青塘、白沙、大镇等镇，英中的沙口、云岭、九龙、波罗、明迳、岩背、西牛等镇也发现了英石，并开始挖掘捡拾。

新英石产区

距离英德较近的清远、阳山、江英等地出产形象较好的石灰石，近年来也划入英石范畴。

英石中无论其表或花，或皱，或纹，凡有通窍且便宜烟云行走皆可为炉石之选。其中平台石类，自然而具宋画中山水之形，今常称之为"宋山"。若其中有沟壑自底部而通，可使烟云出没，为炉石上佳之选。

四、戈壁石

戈壁石种类丰富，一般按照石质可分为戈壁玛瑙、戈壁泥石、风凌石、鸡（集）骨石、蛋白石、戈壁化石、千层石等七种，又可基于外观，分为沙漠漆、画像石、象形石等三种，此三种在戈壁石各类石种中都有可能出现。

戈壁玛瑙

戈壁玛瑙是中生代火山活动中硅酸盐胶体凝结而成的，成分为二氧化硅。其色彩丰富并常伴随有圆形或环形纹路，色如霞光，润如美玉，属于戈壁石中价值较高的品类，目前已确认为宝玉石范畴。戈壁玛瑙类别甚多，常见的有龟背玛瑙、闪光玛瑙、眼睛石、筋脉石等。

戈壁泥石

戈壁泥石由泥质岩构成，质地坚密细腻，多为扁平状，或似扁条、叶片，大者如桌几。泥石多棕红、红褐、褐红等色，另有黄褐、咖啡、黑色、灰色等。因其为沉积岩层，被风化破碎后，经风砂长期风蚀、磨砺，多表面光滑，有薄包浆。

风凌石

风凌石是早古生代浅海环境下的硅质岩，及晚古生代陆相火山喷出的安山岩，经过长期的风砂磨蚀形成了光滑的棱面或棱角。此石种造型独特，多有沟壑、空洞，且石质坚密，色泽鲜亮者多。

鸡（集）骨石

鸡（集）骨石是生成于熔岩裂隙中或气孔中的片状（或针状、棒状）辐射状矿物晶簇，主要成分是二氧化硅，又分玛瑙质、玉髓质、硅质等。白色的鸡骨石神似吃剩的鸡骨头错杂而置，故此得名。

蛋白石

蛋白石主要是由二氧化硅含水的胶体凝固后形成。它多呈乳白色，质地细密，并具有玻璃光泽或蜡状光泽。蛋白石可分两种：一是从玄武岩气孔中经风砂剥离后直接裸露在戈壁滩上的，称为地表蛋白；另一种是从地下挖掘而出，多数包裹着一层火山灰，称为火山蛋白。

戈壁化石

因这些地方在古生代时期大多为海洋，经过板块运动形成陆地，因此有大量的化石堆积。除水生生物化石外，在戈壁最多的化石则为硅化木。这些硅化木是数亿年前树木因各种原因被埋入地下后，地层中的物质如二氧化硅、硫化铁、碳酸钙等在水的作用下替换了原有木质，从而形成植物化石。硅化木多呈褐色、黑色，其中有玉石质感者也被称为树化玉。

千层石

千层石的形成是因为原石层结构软硬交错，经过长时间风蚀之后，质地较软者被风蚀殆尽，只留下质地较硬者，于是形成凹凸层叠的外观。其中平行层纹理多呈重峦叠嶂之状，垂直层纹理则多形成瀑布或竖峰景观。

沙漠漆

原石经过风砂搬运磨砺、阳光照射、雨水冲刷抛光，以及地下水上升蒸发等作用，表面形成了红棕色的氧化铁，以及黑褐色的氧化锰，或其他颜色的薄膜，这些薄膜形似油漆，故名沙漠漆。由于沙漠中日晒极多，石头非常干燥，容易吸水，这种含有矿物质的水很容易渗入石头表面。

画像石

戈壁石上因纹理或色彩不同形成各种画像，其中有些画像极具画面感，或风景，或人物，或鸟兽，各类戈壁石均有出现，意境高者为佳。

象形石

由于风砂搬运、风蚀作用等因素，戈壁石中还产出了各种象形石。与其他石类一样，象形石越像越有价值。有名的中华奇石如"老妇人石""五花肉石""雏鸡出壳石"等都属此类。

戈壁石产地分布

内蒙古的戈壁石资源一般分布在腾格里、巴丹吉林、乌兰布和三大沙漠中的戈壁滩和滩间山坳之中，其中阿拉善地区目前开发得最为成熟。新疆的哈密市被天山山脉横亘于此，山南地处哈密盆地，被戈壁沙漠环抱萦绕；山北则森林、草原、雪山、冰川浑然一体。在魔鬼城附近的戈壁中，就盛产各种戈壁石，还有大量的硅化木化石。

目前戈壁石资源开发较多的是内蒙古的阿拉善地区和新疆的哈密市，其他地方虽然也有出产，但并未形成以上两地的规模。其中阿拉善地区目前开发得最为成熟，至今（2024年）不但举办了十九届阿拉善玉·观赏石文化旅游节，更是形成了数个具有规模的奇石交易市场。新疆的哈密市有五堡魔鬼城这样极具特色的戈壁景观，而魔鬼城附近的戈壁中，不仅盛产各种戈壁石，还有大量的硅化木化石。

其余沙漠戈壁地区也同样有戈壁石产出，因开发程度、交通运输等条件限制，仍有不少精品藏于其中，但因为这些地方人迹罕至或根本就是无人区，危险重重，无强大户外探险经验者慎入。

戈壁石种类繁多，造型多变，其中适为炉石者甚繁。如风凌石，石质玉化程度较高，底部中空或沟壑遍布者，利于烟云出窍、行走，可产生极强的视觉美感。由于戈壁石目前较灵璧石、太湖石、英石等平均价格略低，且不乏上品，具有极大潜力。

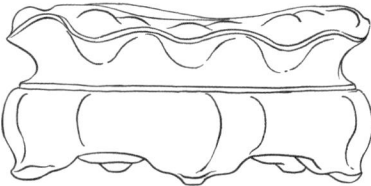

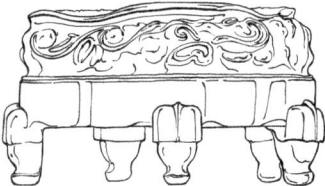

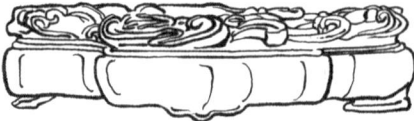

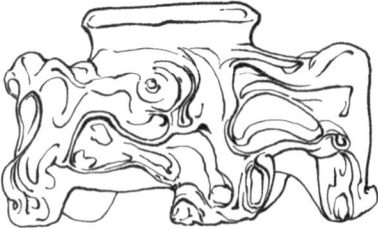

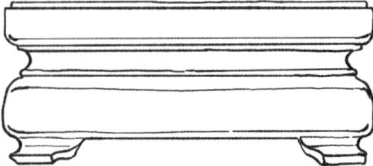

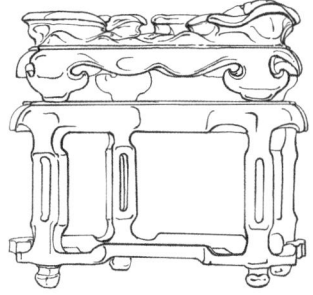

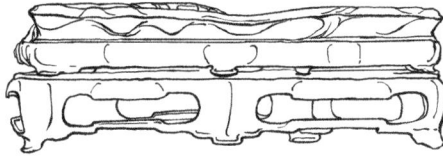

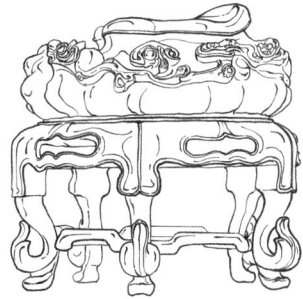

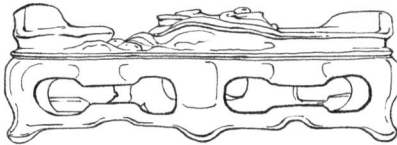

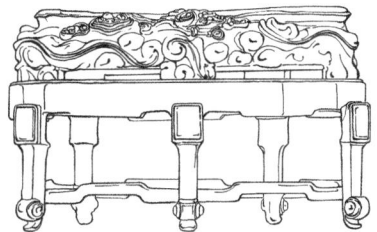

参考书目

[1] 许慎 .说文解字[M] .北京：中华书局，2015 .

[2] 李昉，等 .太平御览[M] .北京：中华书局，1960.

[3] 杜绾 .云林石谱[M] .北京：中华书局，2012.

[4] 陶宗仪 .说郛三种[M] .上海：上海古籍出版社，1988.

[5] 林有麟 .素园石谱[M] .北京：文物出版社，2020.

[6] 赵希鹄 .洞天清录（外二种）[M] .杭州：浙江人民美术出版社，2016.

[7] 苏辙 .苏辙集:全四册[M] .北京：中华书局，2017.

[8] 尚书[M] .北京：中华书局，2012.

[9] 段玉裁 .说文解字注[M] .上海：上海古籍出版社，1988.

[10] 礼记[M] .北京：中华书局，2017.

[11] 诗经[M] .北京：中华书局，2015.

[12] 房玄龄 .晋书[M] .北京：中华书局，2015.

[13] 郦道元 .水经注[M] .北京：中华书局，2020.

[14] 朱辅 .溪蛮丛笑[M] .北京：中华书局，1991.

[15] 刘敞 .公是集[M] .台北：新文丰出版社，1984.

[16] 屈原 .离骚[M] .北京：清华大学出版社，2019.

[17] 蔡邕 .琴操[M] .北京：中华书局，1985.

[18] 王肃 .孔子家语[M] .北京：中华书局，2022.

[19] 屈原,宋玉 .楚辞[M] .北京：中华书局，2015.

[20] 马王堆汉墓帛书整理小组 .五十二病方[M] .北京：文物出版社，1979.

[21] 班固 .汉书[M] .北京：中华书局，2016.

[22] 司马迁 .史记[M] .北京：中华书局，2022.

[23] 吴普 .吴普本草[M] .北京：人民卫生出版社，1987.

[24] 姚振宗 .二十五史艺文经籍志考补萃编[M] .北京：清华大学出版社，2011.

[25] 张邦基 .墨庄漫录[M] .北京：中华书局，2002.

[26] 陶弘景 .本草经集注[M] .南京：凤凰出版社，2023.

[27] 陶弘景 .名医别录[M] .北京：中国中医药出版社，2013.

[28] 雷敩 .雷公炮炙论[M] .南京：江苏科学技术出版社，1985.

[29] 葛洪 .肘后救卒方[M] .北京：人民军医出版社，2010.

[30] 山海经[M] .北京：中华书局，2022.

[31] 李珣 .海药本草[M] .北京：人民卫生出版社，1997.

[32] 赵汝适 .诸蕃志[M] .北京：中华书局，2000.

[33] 杨孚 .异物志[M] .广州：广东科技出版社，2009.

[34] 陈寿 .三国志[M] .北京：中华书局，2011.

[35] 刘义庆 .世说新语[M] .北京：中华书局，2011.

[36] 苏颂 .本草图经[M] .合肥：安徽科学技术出版社，1994.

[37] 苏敬 .新修本草[M] .上海：上海古籍出版社，1985.

[38] 洪刍 .香谱[M] .上海：商务印书馆，2022.

[39] 唐慎微 .证类本草[M] .北京：中国医药科技出版社，2021.

[40] 王焘 .外台秘要方[M] .北京：华龄出版社，2021.

[41] 孙思邈 .千金翼方[M] .北京：中国医药科技出版社，2011.

[42] 陶谷 .清异录[M] .上海：上海古籍出版社，2012.

[43] 孔平仲 .续世说[M] .济南：山东人民出版社，2017.

[44] 王钦若 .册府元龟[M] .江苏：凤凰出版社，2006.

[45] 陆羽 .茶经[M] .北京：中华书局，2020.

[46] 脱脱 .宋史[M] .北京：中华书局，1985.

[47] 徐松 .宋会要辑稿[M] .上海：上海古籍出版社，2014.

[48] 叶梦得 .石林燕语[M] .北京：中国书店，2018.

[49] 姚宽 .西溪丛语[M] .济南：山东人民出版社，2018.

[50] 庄绰 . 鸡肋编[M] . 北京：中华书局，1997.

[51] 陈敬 . 陈氏香谱[M] . 北京：中国书店，2014.

[52] 范成大 . 桂海虞衡志[M] . 北京：文物出版社，2022.

[53] 吴自牧 . 梦粱录[M] . 北京：中国商业出版社，1982.

[54] 朱权 . 臞仙神隐[M] . 北京：中医古籍出版社，2019.

[55] 屠隆 . 考槃余事[M] . 北京：金城出版社，2011.

[56] 高濂 . 遵生八笺[M] . 成都：巴蜀书社，1988.

[57] 文震亨 . 长物志[M] . 北京：中华书局，2012.

[58] 项元汴 . 蕉窗九录[M] . 杭州：浙江人民美术出版社，2016.

[59] 陈继儒 . 妮古录[M] . 上海：华东师范大学出版社，2011.

[60] 冒襄 . 影梅庵忆语[M] . 长沙：岳麓书社，2020.

[61] 余继登 . 皇明典故纪闻[M] . 北京：书目文献出版社，1995.

[62] 费信 . 星槎胜览[M] . 南京：南京出版社，2019.

[63] 徐珂 . 清稗类钞[M] . 北京：中华书局，1984.

[64] 王诉 . 青烟录[M] . 武汉：崇文书局，2018.

[65] 曹雪芹 . 红楼梦[M] . 北京：中华书局，2014.

[66] 李德裕 . 会昌一品集[M] . 上海：上海古籍出版社，1994.

[67] 蔡絛 . 铁围山丛谈[M] . 上海：上海古籍出版社，2012.

[68] 孔克齐 . 至正直记校笺[M] . 上海：上海古籍出版社，2022.

[69] 钱伯城 . 袁宏道集笺校[M] . 上海：上海古籍出版社，2018.

[70] 李渔 . 闲情偶记[M] . 上海：上海古籍出版社，2000.

[71] 王暐 . 美术丛书：石友赞[M] . 杭州：浙江人民美术出版社，2013.

[72] 潘永因 . 宋稗类钞[M] . 北京：书目文献出版社，1985.

[73] 计成 . 园冶[M] . 北京：中国建筑工业出版社，2018.

[74] 卢多逊 . 开宝本草[M] . 合肥：安徽科学技术出版社，1998.

[75] 贾思勰 . 齐民要术[M] . 北京：中华书局，2015.

[76] 陈敬 . 新纂香谱[M] . 北京：中华书局，2020.

[77] 李时珍 . 本草纲目[M] . 北京：人民卫生出版社，2004.

[78] 玄奘 . 大唐西域记[M] . 北京：中华书局，2022.

[79] 葛洪 . 抱朴子[M] . 北京：中华书局，2011.

[80] 赵学敏 . 本草纲目拾遗[M] . 北京：中国医药科技出版社，2020.

[81] 卢之颐 . 本草乘雅半偈[M] . 北京：人民卫生出版社，1986.

[82] 范宁 . 春秋穀梁传注疏[M] . 北京：国家图书馆，2019.

[83] 管仲 . 管子[M] . 北京：中华书局，2019.

[84] 陆游 . 入蜀记 老学庵笔记[M] . 上海：上海远东出版社，1996.

[85] 嵇含 . 南方草木状[M] . 上海：商务印书馆，1955.

[86] 金午江，金向银 . 谢灵运山居赋诗文考释[M] . 北京：中国文史出版社，2009.

[87] 段成式 . 酉阳杂俎[M] . 北京：北京联合出版公司，2017.

[88] 倪朱谟 . 本草汇言[M] . 北京：中医古籍出版社，2005.

[89] 周密 . 云烟过眼录[M] . 南京：凤凰出版社，2019.

[90] 周去非 . 岭外代答[M] . 北京：中国书店，2018.

[91] 张嶲 . 崖州志[M] . 广州：广东人民出版社，2011.

[92] 吴树平 . 二十四史外编[M] . 天津：天津古籍出版社，1998.

[93] 刘向 . 列仙传[M] . 北京：学苑出版社，1998.

[94] 周密 . 志雅堂杂钞[M] . 北京：中华书局，2018.

[95] 田汝成 . 西湖游览志余[M] . 上海：上海古籍出版社，2018.

[96] 灵璧县志[M] . 杭州：浙江人民出版社，1991.

[97] 康熙 . 几暇格物编[M] . 杭州：浙江古籍出版社，2013.

[98] 薛爱华 . 撒马尔罕的金桃[M] . 北京：社会科学文献出版社，2016.

[99] Robert D. Mowry.Worlds within worlds[M]. Cambridge,Mass. Harvard University Art Museums,1997.

后 记

我自幼在姥爷身边长大，所有关于中国传统文化的启蒙，都来自他。姥爷是位文人，在北大教了很多年的书。杏雨梨云时，他为我解读古画；冬山如睡时，他给我讲述历史……种种情境，如今写来，仍历历在目，亦在当时的孩童心中埋下了一颗追求东方美学和雅致生活的种子。

陶瓷、紫砂、红木艺术以及香……凡是文人雅趣，皆为我心头之好，莫不向往、探究、精研，甚至沉迷。

在这近二十年的钝学累功之中，当感谢我的两位恩师——金陵杨金荣先生与沪上吴清先生，良师的谆谆教导，让我构建了属于自己的审美认知体系，也从专业上踏进了中华传统文化之门。杨金荣先生还为本书题写书名，吴清先生也为本书提供了很多珍贵资料。两位恩师提携弟子，感恩之心永铭。

近几年，我一直希望在专注的文化类目上进行有体系的整理，于是，自2022年初便着手收集资料、整理素材、撰写文字、拍摄图片……忙碌至今，方成此《青云出岫：香说炉石十六品》一书。它以历代文人雅玩之石为顶，焚香其中，同时，从形、意入手，构建出"十六品"之评述。

此书能得以出版，首先要感谢武汉市文联、武汉市文旅局非遗保护中心、江汉区非遗保护中心的各位领导、好友的大力支持与厚爱。

亦要感谢著名作家、诗人、史学家熊召政先生，他也为本书作序，在写作过程中，我亦受到他的许多关照和指导。感谢黎继兄、老同学北京师范大学钱翰教授及远在比利时的程立先生在本书的策划阶段提供了不少宝贵意见，并全程协助我写作此书。

本书中海南香部分所用图片、资料来自海南沉香收藏家，也是我的师弟陆晨先生。他为本书的修改、润色提供了不少指正意见。书中炉石十六品的摄影图片，来自景德镇杨荣光先生团队，感谢他们以独到的艺术眼光为我们呈现了炉石之美。每一品的白描炉石画作，来自插画师小友赵安祥。清禄书院门下师兄弟如瑜、如璟、如瑶、如场、如城、如玫、如珌、如璨，都为本书的香品、器物、文献规范、行文等方面提供了大量的指导和帮助。感谢老友胡翊女士和湖北美术学院何明教授作为本书的美学顾问，为最终呈现严格把控。感谢江城著名设计师、老友郭军先生精心为本书设计了精美的版面，以及陈果女士为书中文字提供的梳理建议，他们都为本书增色不少。

书中诸石并非名贵之物，仅因分类体系所需选出一二，以图为径，配上相关阐释、说明、资料文献，力求将炉石与香的古趣清雅一一呈现。

因所学有限，书中难免有所错漏，我亦寄望此书能抛砖引玉，得诸前辈方家多多指正，也望以书结缘于更多同好、藏家，获得探讨与交流的同时，有幸得赏更多雅物名品。

《庄子·知北游》有言："古之人，外化而内不化。"说的是外表适应外部环境变化，但内心世界始终保持本心。人行走于世间，不免因外物而变，难的是不失本心和持续投入的热诚。

因此，此书亦作为一份小小的礼物，献给我的父母，及年过五十、仍抱拙本心的自己。

张博建

辰龙甲寅于江城观香一舍